环保公益性行业科研专项经费项目系列丛书

挥发性氯代烃混合环境气体 标准样品研究

《挥发性氯代烃混合环境气体标准样品研究》项目组　著

中国环境出版社·北京

图书在版编目（CIP）数据

挥发性氯代烃混合环境气体标准样品研究/《挥发性氯代烃混合环境气体标准样品研究》项目组著. —北京：中国环境出版社，2013.8

ISBN 978-7-5111-1457-0

Ⅰ. ①挥… Ⅱ. ①挥… Ⅲ. ①挥发性有机物—氯代烃—混合气体—环境标准样品—研究 Ⅳ. ①X511

中国版本图书馆 CIP 数据核字（2013）第 101801 号

出 版 人	王新程
策划编辑	丁莞歆
责任编辑	黄　颖
文字编辑	安子莹
责任校对	尹　芳
封面设计	刘丹妮

出版发行 中国环境出版社

（100062 北京市东城区广渠门内大街 16 号）

网　　址：http://www.cesp.com.cn

电子邮箱：bjgl@cesp.com.cn

联系电话：010-67112765（编辑管理部）

010-67175507（科技标准图书出版中心）

印　　刷	北京市联华印刷厂
经　　销	各地新华书店
版　　次	2013 年 8 月第 1 版
印　　次	2013 年 8 月第 1 次印刷
开　　本	787×1092　1/16
印　　张	8.25
字　　数	200 千字
定　　价	27.00 元

《环保公益性行业科研专项经费项目系列丛书》
编委会

顾　　问：吴晓青

组　　长：赵英民

副组长：刘志全

成　　员：禹　军　陈　胜　刘海波

挥发性氯代烃混合环境气体标准样品研究

项目组：程春明　李　宁*　田　文　王　倩　郭　健　杜　健　樊　强　王帅斌　钱　萌　范　洁　倪才倩　张太生　田洪海

第1章：郭　健　王　倩　杜　健　樊　强　王帅斌　田　文　程春明　张太生　田洪海

第2章：李　宁　杜　健

第3章：田　文　李　宁　王帅斌　樊　强

第4章：樊　强　李　宁

第5章：钱　萌　范　洁　倪才倩　李　宁

第6章：王　倩　杜　健　倪才倩　李　宁　田　文

第7章：李　宁　王　倩　钱　萌

第8章：杜　健　李　宁

* 通讯联系人，李宁（1976—），硕士研究生，高级工程师，主要研究方向：气体标准样品的制备技术、分析方法、均匀性和稳定性研究。

总　序

　　我国作为一个发展中的人口大国，资源环境问题是长期制约经济社会可持续发展的重大问题。党中央、国务院高度重视环境保护工作，提出了建设生态文明、建设资源节约型与环境友好型社会、推进环境保护历史性转变、让江河湖泊休养生息、节能减排是转方式调结构的重要抓手、环境保护是重大民生问题、探索中国环保新道路等一系列新理念新举措。在科学发展观的指导下，"十一五"环境保护工作成效显著，在经济增长超过预期的情况下，主要污染物减排任务超额完成，环境质量持续改善。

　　随着当前经济的高速增长，资源环境约束进一步强化，环境保护正处于负重爬坡的艰难阶段。治污减排的压力有增无减，环境质量改善的压力不断加大，防范环境风险的压力持续增加，确保核与辐射安全的压力继续加大，应对全球环境问题的压力急剧加大。要破解发展经济与保护环境的难点，解决影响可持续发展和群众健康的突出环境问题，确保环保工作不断上台阶出亮点，必须充分依靠科技创新和科技进步，构建强大坚实的科技支撑体系。

　　2006 年，我国发布了《国家中长期科学和技术发展规划纲要（2006—2020年）》（以下简称《规划纲要》），提出了建设创新型国家战略，科技事业进入了发展的快车道，环保科技也迎来了蓬勃发展的春天。为适应环境保护历史性转变和创新型国家建设的要求，原国家环境保护总局于 2006 年召开了第一次全国环保科技大会，出台了《关于增强环境科技创新能力的若干意见》，确立了科技兴环保战略，建设了环境科技创新体系、环境标准体系、环境技术管理体系三大工程。五年来，在广大环境科技工作者的努力下，水体污染控制与治理科技重大专项启动实施，科技投入持续增加，科技创新能力显著增强；发布了 502项新标准，现行国家标准达 1 263 项，环境标准体系建设实现了跨越式发展；完成了 100 余项环保技术文件的制修订工作，初步建成以重点行业污染防治技术政策、技术指南和工程技术规范为主要内容的国家环境技术管理体系。环境科技为全面完成"十一五"环保规划的各项任务起到了重要的引领和支撑作用。

为优化中央财政科技投入结构，支持市场机制不能有效配置资源的社会公益研究活动，"十一五"期间国家设立了公益性行业科研专项经费。根据财政部、科技部的总体部署，环保公益性行业科研专项紧密围绕《规划纲要》和《国家环境保护"十一五"科技发展规划》确定的重点领域和优先主题，立足环境管理中的科技需求，积极开展应急性、培育性、基础性科学研究。"十一五"期间，环境保护部组织实施了公益性行业科研专项项目234项，涉及大气、水、生态、土壤、固废、核与辐射等领域，共有包括中央级科研院所、高等院校、地方环保科研单位和企业等几百家单位参与，逐步形成了优势互补、团结协作、良性竞争、共同发展的环保科技"统一战线"。目前，专项取得了重要研究成果，提出了一系列控制污染和改善环境质量技术方案，形成一批环境监测预警和监督管理技术体系，研发出一批与生态环境保护、国际履约、核与辐射安全相关的关键技术，提出了一系列环境标准、指南和技术规范建议，为解决我国环境保护和环境管理中急需的成套技术和政策制定提供了重要的科技支撑。

为广泛共享"十一五"期间环保公益性行业科研专项项目研究成果，及时总结项目组织管理经验，环境保护部科技标准司组织出版"十一五"环保公益性行业科研专项经费项目系列丛书。该丛书汇集了一批专项研究的代表性成果，具有较强的学术性和实用性，可以说是环境领域不可多得的资料文献。丛书的组织出版，在科技管理上也是一次很好的尝试，我们希望通过这一尝试，能够进一步活跃环保科技的学术氛围，促进科技成果的转化与应用，为探索中国环保新道路提供有力的科技支撑。

中华人民共和国环境保护部副部长

吴晓青

2011 年 10 月

前　言

随着我国经济社会的快速发展，以煤炭为主的能源消耗大幅攀升，机动车保有量急剧增加，经济发达地区氮氧化物（NO$_x$）和挥发性有机物（VOCs）排放量显著增长，灰霾天气不断加剧。我国 VOCs 污染呈现区域性强和组分复杂的特征，京津冀、长江三角洲、珠江三角洲等区域的城市空气中均检出挥发性烷烃、烯烃、芳香烃、氯代烃等，其污染状况接近国外典型灰霾污染城市 20 世纪 80 年代中期污染水平。

2010 年环境保护部等九部委联合发布的《关于推进大气污染联防联控工作　改善区域空气质量的指导意见》中指出需解决酸雨、灰霾和光化学烟雾污染等重点环境问题。在《国家环境十二五科技发展规划》中，提出"研究区域大气污染联防联控制度和机制、大气污染物排放许可制度的支撑技术"和"针对挥发性有机化合物（VOCs）等关键污染物，研发污染控制技术综合评价指标体系和定量评估方法，筛选出最佳可行大气污染控制技术"。同时，在重点研究领域中提出开展有机监测标准样品的工作任务。2012 年新修订的《环境空气质量标准》，要求 2012 年在京津冀、长江三角洲、珠江三角洲等重点区域以及直辖市和省会城市开展细颗粒物与臭氧等项目监测工作。

我国 VOCs 气体标准样品起步晚，环境空气中 VOCs 分析和监测研究依然依赖于进口标准样品。购买国外的标准样品无论从经济角度还是从时间角度都会制约污染控制的时效性，不符合我国环境监测工作的实际需要，已经严重制约了我国 VOCs 的监测和控制工作。为了解决环境空气中 VOCs 监测的需要，2009 年环境保护部在环保公益性行业科研专项经费项目中设立了"挥发性氯代烃混合环境气体标准样品研究"。本项目研究于 2012 年 12 月研制完成了 22 种挥发性氯代烃混合气体标准样品，填补了我国多达 22 种组分的挥发性氯代烃气体标准样品空白，为实现区域大气联防联控、改善空气质量、保证人体健康提供了标准技术支撑。

本书编写过程中参考了国内外有关专家的论著，在此谨表谢忱。由于编者水平有限，本书中还存在一些不足，敬请读者批评指正。

目　录

第1章　环境气体标准样品概论 1

1.1　环境气体标准样品概述 1

1.2　环境气体标准样品的制备方法 2

1.3　气体标准样品的分析方法 6

1.4　环境气体标准样品的应用 8

1.5　气体标准样品的安全使用 9

1.6　气体标准样品研制的技术路线 10

第2章　氯代烃气体的分析方法研究 12

2.1　国外分析方法概述 12

2.2　国内分析方法概述 13

2.3　氯代烃混合气体标准样品的分析方法 14

2.4　氯代烃纯度分析 40

第3章　制备技术研究 42

3.1　国外 VOCs 气体标准样品的制备技术 42

3.2　挥发性氯代烃气体标准样品制备技术研究 43

3.3　氯代烃混合气体标准样品制备的线性研究 47

第4章　气瓶筛选技术研究 49

4.1　气瓶概述 49

4.2　气瓶吸附评价方法 49

4.3　气瓶评价结果的判定 50

第5章　均匀性研究 60

5.1　瓶内均匀性评价方法概述 60

5.2　挥发性氯代烃混合气体标准样品的瓶内均匀性结果评定 61

第6章　稳定性研究 66

6.1　时间稳定性检验 66

6.2　时间稳定性趋势分析 66

6.3　低温存放实验 74

第 7 章　定值分析 76

　7.1　基准气体的量值评定 76

　7.2　气体标准样品的量值评定 85

　7.3　氯代烃气体标准样品的标准值和相对扩展不确定度 89

　7.4　不确定度的影响因素及贡献 89

第 8 章　量值比对分析 91

参考文献 93

附录 94

　附录一　GSB ×××××-×× 挥发性氯代烃混合气体标准样品 94

　附录二　线性数据图 98

　附录三　气瓶转移实验数据表 106

第1章 环境气体标准样品概论

1.1 环境气体标准样品概述

环境气体标准样品是具有良好均匀性和稳定性的一种或多种充分确定了特性的气体样品或物质，一般采用比较法进行定值，以测定总均值评定标准值，不确定度由分析测定不确定度分量、瓶内均匀性不确定度分量和长期稳定性不确定度分量等构成，主要用于气体污染物环境监测及相关分析测试中的仪器校准、质量控制、能力验证和技术仲裁等。气体标准样品分为单一组分气体标准样品和多组分混合气体标准样品。表1-1列出了我国环境气体标准样品的名称及国家编号。

表1-1 国家环境气体标准样品一览表

序号	标样名称	国家编号	批准日期
1	氮气中五种苯系物混合	GSB 07-1412—2001	2001
2	氮气中二氧化硫	GSB 07-1405—2001	2001
3	氮气中一氧化氮	GSB 07-1406—2001	2001
4	氮气中一氧化碳	GSB 07-1407—2001	2001
5	氮气中二氧化碳	GSB 07-1408—2001	2001
6	氮气中甲烷	GSB 07-1409—2001	2001
7	氮气中丙烷	GSB 07-1410—2001	2001
8	空气中甲烷	GSB 07-1411—2001	2001
9	氮气中一氧化碳和丙烷混合	GSB 07-1413—2001	2001
10	氮气中苯	GSB 07-1988—2005	2005
11	氮气中氧	GSB 07-1987—2005	2005
12	氮气中硫化氢	GSB 07-1976—2005	2005
13	氮气中七种苯系物混合	GSB 07-1989—2005	2005
14	氮气中苯乙烯	GSB 07-2247—2008	2008
15	氮气中四种氯代烷混合	GSB 07-2248—2008	2008
16	氮气中一氧化碳、二氧化碳和丙烷混合	GSB 07-2246—2008	2008
17	氮气中氯乙烯	GSB 07-2249—2008 GSB 07-2250—2008	2008
18	氮气中氯苯	GSB 07-2561—2010	2010
19	氮气中1,3-丁二烯	GSB 07-2560—2010	2010
20	氮气中六种氯代烷混合	GSB 07-2563—2010	2010
21	氮气中五种氯苯混合	GSB 07-2562—2010	2010
22	氮气中五种氯代烯烃混合	GSB 07-2722—2011	2011

1.2　环境气体标准样品的制备方法

气体标准样品的制备方法从气体动力学的角度分为静态配气法和动态配气法。静态法主要有：质量比混合法（称量法）、压力比混合法（分压法）、容量比混合法（静态容量法）。静态配气法是把一定量的气态或蒸气态的原料气体加入已知容积的容器中，再充入稀释气体，混匀制得。这种配气法的优点是设备简单、操作容易，但因有些气体化学性质较活泼，长时间与容器壁接触可能发生化学反应，适用于活泼性较差且用量不大的气体标准样品的配制。其中称量法和分压法制备的气体标准样品多包装于高压或加压容器中。由于容器与包装气体之间会发生物理吸附和化学反应等器壁反应，因而要稳定地保存量值，对某些活泼性气体难以实现，且制备的含量范围也受到一定的限制。动态法主要有：流量比混合法、渗透法、扩散法、定体积泵法、光化学反应法、电解法和蒸气压法。动态配气法使已知浓度的原料气体与稀释气体按恒定比例连续不断地进入混合器混合，从而可以连续不断地配制并供给一定浓度的气体标准样品。这种方法所用仪器设备较静态配气法复杂，不适合配制高浓度的气体标准样品。

1.2.1　称量法

（1）概述

称量法只适用于组分之间、组分与气瓶内壁不发生反应的气体，以及在实验条件下完全处于气态的可凝结组分。该方法应用高载荷精密天平称量装入气瓶中的各气体组分，根据各组分的质量比，计算出气瓶中标准气的浓度。要求装入气瓶中的各组分气体之间无化学反应的可能，且对气瓶材料无腐蚀和吸附等作用。称量法的准确度，主要取决于制备校准混合气的原料气体的纯度，这也是影响最终混合气量值不确定度的关键因素，因此要对原料气体的纯度进行分析，并考虑有可能与微量组分起反应的关键杂质。在混合气制备过程中，充装压力应低于最终混合气充装温度下的露点蒸汽压，防止中间步骤的凝结。

（2）所需设备

组分气体的称量是制备气体标准样品的关键。为了准确称量质量很大的气瓶中所充填的很少量的气体，除了对天平有很高要求外，还要求保证一定的称量量（对于组分气体质量过于小的，采用多次稀释法配制）。在称量操作中必须采取各种措施以保证称量达到高准确度。

气体标准样品配制装由气体充填装置、气体称量装置、气瓶及气瓶预处理装置组成。

气体充填装置：气体充填装置由真空机组、电离真空计、压力表、气路系统组成，气路系统由高压、中压和低压真空系统三部分组成，使组分气体和稀释气体的充灌彼此独立，避免相互沾污。通常采用性能良好的阀门、压力表和真空计，尽量简化气路，减少接口，以保证系统的气密性能。

气体称量设备：主要包括高精密天平和质量比较器。由于气瓶本身质量较大（一般为2～20 kg），而充入的原料气体质量相对较小（2～20 g），因此需要采用大载荷（20 kg）、小感量（1 mg）的高精密天平或质量比较器。同时制备低浓度的气体标准样品时还需要采用逐级稀释法进行制备。

为了准确称量质量很大的气瓶中所充填的很少量的气体，除了对天平有很高要求外，增加样品称量量可在一定程度降低最终不确定度；使用双盘天平称量时应选用质量和体积与样品气瓶接近的配衡气瓶，并尽量减少砝码的使用，以降低由砝码质量所引起的不确定度和体积差异产生的浮力所引起的不确定度。对于低浓度的气体标准样品的制备，应采用多级稀释的方法来制备气体标准样品。

气瓶：一般采用 2L、4L、8L 气瓶充装气体标准样品，应符合《气瓶阀通用技术要求》（GB 15382—2009）。气瓶、气瓶的阀门和阀门的螺纹应清洁干净，与气瓶连接旋入时，应裹以聚四氟乙烯脱脂带，确保密封性良好。瓶阀采用 QF-21A/QF-011 隔膜式氧气瓶阀或其他配适用的阀门。烘瓶时，温度应控制在 80℃±5℃，并保持温度均匀分布。

气瓶预处理装置：用于气瓶的清洗、加热及抽空。加热的温度在一定范围内可以任意设置，气瓶一般加热到 80℃，真空度为 10Pa，用高纯氮气置换 3 次。

1.2.2　渗透法

渗透法是适用于制备痕量的活泼气体，是动态配气方法。主要适用于制备痕量（质量比为 $10^{-9} \sim 10^{-5}$）的活泼性气体，如 SO_2、NO_2、H_2S、NH_3、Cl_2、HF 等。由于活泼气体在气瓶内容易发生吸附作用，采用称量法制备性质活泼的气体标准样品难以获得稳定的量值，而渗透法恰好可以解决这一问题。渗透法是用渗透原理制备校准用混合气体的方法，是动态配气方法，用于制备组分是易挥发的液体和能被冷冻或压缩成液态的低浓度气体标准样品。配气设备主要包括渗透管、稳压阀、稳流系统、流量计、温度记录仪表、阀门、管道、混合罐等。渗透管是一种提供原料气气源的设备，主要由原料液的小容器和渗透膜组成。

1.2.3　分压法

分压法适用于制备在常温下为气体的，含量在 1%～50% 的标准混合气体，这种方法在配制混合气体时，根据测定各组分的压力，按指定浓度进行配气。由于分压法配气的主要依据是观察压力表的数值来计算所配标准混合气体的含量，压力表精度会直接影响配气的准确度。所以应当合理选择压力表的量程和级别。分压法的配气装置主要由汇流排、压力表、截止阀、真空泵、连接管路、接头等组成。该装置结构简单，制备快速简单。配气设备主要包括气瓶汇流排、压力表、阀门、真空泵、管道、气瓶卡具等。

1.2.4　扩散法

扩散法适用于常温下为液体的有机气体标准样品的制备，如苯、甲苯、甲醛、乙醇等。由于常温下为液体的有机气体标准样品容易发生吸附解析作用，扩散法的优点是利用混合气的连续流动来吹洗取样管路和仪器装置，可以将气体的吸附作用降至最低限度。扩散法是通过选择合适的扩散池组合、流速和温度以提供蒸气相中所需成分的纯液相来稀释气体。扩散率是用精密天平称量扩散管在一定的时间间隔内质量的损失而测得的。配气设备为：气瓶、阀门、流量控制阀、流量计、液体组分、分析仪表气瓶、卡具。

1.2.5　静态容积法

静态容积法适用于实验室制备多种少量的气体标准样品，压力接近大气压力。制备气体标准样品的浓度范围为 $10^{-6} \sim 10^{-1}$（质量比），压力接近于大气压，方法的不确定度为 1%～5%。该法操作简单、安全方便、价格低廉。配气设备主要包括气瓶、气瓶减压阀门、定体积管、压力计、真空泵等。制备方法分为三步：①取样，在已知体积 V_1 的取样管中充入组分气，其压力 P_1 接近或等于大气压；②转移，将已知体积 V_2 气瓶的稀释气体置换不少于三次后，抽真空至 10Pa，然后将体积 V_1 的组分气体转移到已知体积 V_2 的气瓶中；③稀释：将稀释气充入配气瓶，直至达到最终要求压力 P_z 为止。为使混合气便于使用，通常压力 P_z 应大于大气压力。

1.2.6　饱和法

饱和法适用于易于冷凝的气体和蒸汽。配气设备主要包括气瓶、气瓶减压阀门、冷凝器、饱和器、恒温控制器、压力计、循环风机等。

1.2.7　流量比法

流量比法是动态配气方法，是严格控制一定比例的组分气体和稀释气体的流量，经混合而得到的气体标准样品。所需设备主要包括气瓶、气瓶减压阀门、单向阀、流量控制器、压力表、管道、机箱等。通过改变稀释气的流速、组分气的初始含量以及稀释时间等操作参数，即可迅速制备出一定组分含量的标准气体。

1.2.8　稀释法

稀释法是制备低含量气体标准样品的方法之一。所需设备主要包括气瓶、气瓶减压阀门、流量控制器、压力表、管道等。

1.2.9　体积比法

体积比法是简单的配气方法，是根据所需气体的含量，按体积计算，控制组分气体和稀释气体的体积，经混合而得到气体标准样品的方法。所需设备主要包括注射器、定体积容器等。

1.2.10　气体标准样品的制备可行性研究

从样品的量值准确和制备安全的角度出发，在制备气体标准样品之前，必须对气体标准样品混合的可行性进行研究，主要从可燃气体的爆炸限、饱和蒸气压、混合气组分间的反应、组分和容器材料的反应等问题进行制备可行性研究。

（1）可燃气体的爆炸限

爆炸限是可燃气体的重要技术数据，气体标准样品制备前首要考虑的是各组分气体的爆炸极限。在配制含有可燃气体组分的气体标准样品前，必须了解该组分的爆炸限，以确保安全，特别是在制备由可燃气体和氢气（或氧气）组成的气体标准样品时，要注意组分气体含量是否超过爆炸限的问题，否则可能发生爆炸事故。

（2）气体的饱和蒸气压及其他性能

在样品制备前，了解各组分的饱和蒸气压，防止样品在制备、储存和运输过程中，组分产生冷凝作用，导致样品的量值发生变化。首先在气体标准样品制备过程中，充装压力应确保低于最终混合气充装温度下的露点蒸气压，防止中间步骤的凝结，如果不能避免中间气的凝结，应该采取措施，使易凝结的组分汽化并使之混匀。在气体样品的储存过程中，应保持储存温度始终不低于混合气制备时的最低温度。在气体样品的运输和使用过程中，应使用同样的温度条件，同时转移气体标准样品时，为防止凝结，必要时可以加热转移管路。

（3）气体标准样品中组分之间的反应

气体标准样品在制备之前，应考虑气体标准样品中各组分间发生化学反应的可能性，否则，制备出的气体标准样品量值不准确，甚至可能会发生爆炸事故。常见的情况有：

——混合气的组分间包含潜在的反应物质，如盐酸和氨；

——产生危险的化学反应，如爆炸；

——产生强烈放热的聚合反应；

——产生强烈放热的分解反应。

（4）气体标准样品中组分与气瓶（容器）材料的反应

在制备气体标准样品之前，还应考虑组分气体与气瓶及阀门所用材质是否发生化学反应（如氧化、腐蚀、吸附等）问题，以便保证气体标准样品的稳定性。依据组分气体与包装容器材质的相容性，选用不同材质的气瓶和瓶阀来储装气体标准样品。

1.2.11 气瓶的安全使用

（1）气密性检查

1）气瓶在规定的公称压力下，保持压力 3 min，在此时间内不允许压力表有回降现象。

2）样品配制前，对气瓶进行抽真空处理，并在样品配制时核准气瓶的真空值，如果真空值基本无变化，则气瓶的气密性符合气体样品的配制要求。

3）配制完成后，称量并记录气瓶的总质量，放置 24 h 后，再次称量气瓶总质量，两次称量的总质量应基本一致。

4）瓶阀装配不当产生泄漏的气瓶，应重新装配，并进行气密性检查。

（2）安全性检查

气瓶在使用前必须进行安全性检查，属于下列情况之一的气瓶，应先进行气瓶清洗、抽真空处理和表面钝化处理，否则严禁充装。

1）钢印标识、样品标识不符合规定，对瓶内介质未确认的。

2）改变原气瓶充装气体种类或性质的。

3）附件损坏、不全或不符合规定的；气瓶内无剩余压力的。

4）超过气瓶安全检验期限的。

5）经外观检查，存在明显损伤，需进一步检查的。

6）充装氧气或氧化性气体的气瓶沾有油脂的。

7）易燃气体气瓶首次充装或定期检验后的首次充装，未经置换或抽真空处理的。

经安全性检查合格的气瓶应明确标识，只有安全性检查合格的气瓶，方可用于气体标准样品的配制。

1.2.12 气瓶瓶阀的安全使用

1）使用瓶阀的材料不与瓶内盛有的气体发生化学反应，也不影响气体的质量。要根据气体的性质选用合适材质的瓶阀（对强腐蚀性或有毒气体如 H_2S、HCl、NO_2，需要使用国外进口不锈气瓶阀以保证使用及储存的安全）。

2）瓶阀出气口的结构，能有效地防止气体错装、错用。可燃性气体的出口螺纹为左旋反牙，非可燃性气体的出口螺纹为右旋正牙。

3）氧气或强氧化性气体的瓶阀材料，必须选用无油脂的阻燃材料；与其接触的工具和相连的设备严禁带有油脂。

4）与瓶阀相连接的设备螺纹结构，必须与瓶阀出气口的结构相吻合。

5）瓶阀严禁使用硬质工具敲打、撞击。

6）贮存和运输过程中，必须佩戴好瓶帽，以防倾倒、撞击损伤瓶阀。

7）开启瓶阀使用前，必须先确定与其相连的设备各接口的紧固情况、设备的良好状态。

8）注意缓慢开启瓶阀，往逆时针方向打开瓶阀，顺时针方向关闭瓶阀；通常先旋尽瓶阀，然后返回 2/3 打开状态。

9）关闭瓶阀停气时，不得过于用力拧紧瓶阀，轻轻关至瓶阀不出气即可，否则会损坏瓶阀的内部结构。

10）强腐蚀性气体气瓶用完后，必须要关紧瓶阀，以防外界空气倒入，腐蚀瓶阀。

11）开启瓶阀时，瓶阀的出气口不准对着人；同时操作者必须站在瓶阀的侧面，不能站在正面和后面。

1.3 气体标准样品的分析方法

气体标准样品的分析方法有很多种，主要方法包括：气相色谱法、化学发光法、非分散红外法以及用于微量氧和微量水分析的其他方法。

1.3.1 气相色谱法

气相色谱法主要适用于各种气体标准样品的浓度分析以及高纯气体标准样品中的微量分析，是应用最广的气体标准样品测定的分析方法。可用于检测 H_2、O_2、N_2、CO、CO_2 等无机气体，CH_4、C_3H_8 以及 C_3 以上的绝大部分有机气体。通过直接法、浓缩法、反应法等样品处理技术的应用，分析的含量范围为 $10^{-9}\sim99.999\%$。

选择适当的检测器是保证分析结果准确可靠的重要条件，目前常用的气相色谱检测器包括 TCD、FID、ECD、NPD 等，具体分析过程中应根据分析对象来确定所使用检测器的类型。

热导检测器（TCD）是一种通用型的非破坏性浓度型色谱检测器，在实际工作中有广泛的应用，灵敏度适宜，线性范围宽等特点，对所有物质都有响应。不足的是 TCD 相对于其他几种检测器来说灵敏度低一些。一般来说，大多数无机气体及含量较高的有机气体标准样品均可选用热导检测器来分析，如 O_2、CO_2、CH_4、H_2 等。另外含量比较低且在 FID、

FPD、ECD 上没有响应的气体标准样品，可以通过浓缩富集、加前置放大器等进样方式，使用热导检测器测定。

氢火焰离子化检测器（FID）是一种典型的质量型检测器，对含碳有机物的检测限可达 10～12 g/s，但对无机气体、水等含氢少或不含氢的化合物灵敏度低或不响应。由于 FID 灵敏度高，死体积小，响应迅速，线性范围广（质量比为 10^6～10^7），常用作痕量分析和快速分析。FID 对含碳有机物的含量可测到 $5×10^{-9}$。因此含碳有机气体均用火焰离子化检测器来检测。另外，分析含量较低的 CO、CO_2 的气体标准样品可以通过镍催化剂加 H_2 在高温下使 CO、CO_2 转化成甲烷后使用 FID 分析。

火焰光度检测器（FPD）是一种对含磷、硫化合物具有高选择性、高灵敏度的检测器，低浓度含硫的气体标准样品可采用火焰光度检测器检测，如 SO_2、H_2S、硫醇等。电子俘获检测器（ECD）因其只对具有电负性强的物质有信号，因而广泛用于卤族化合物、金属有机化合物、多卤或多硫化物的分析测定。氮磷检测器（NPD）也是选择性检测器，可用于测量含氮和含磷的有机化合物，而其他化合物在此检测器上的响应值很低或不响应。

1.3.2　化学发光法

化学发光法是根据化学发光物质在某一时刻的发光强度或发光总量来确定组分含量的分析方法，具有灵敏度高，选择性好，使用简单方便、快速等特点，适用于硫化物、氮氧化物、氨等气体标准样品的分析。

例如，氮氧化物分析仪，其测定原理是基于 NO 与 O_3 反应生成一个与 NO 浓度线性密切相关的特性光强度，当生产的电子激发态的 NO_2 衰变为低能态的时候，便发射出与 NO 浓度相关的红外光束。在 NO_x 测量中，NO 与 NO_x 之间浓度的差值，便被认为是 NO_2 的浓度。

1.3.3　非色散红外分析法

非色散红外气体分析器是利用不同的气室和检测器测量混合气体中 CO、CO_2、SO_2、氨、甲烷、乙烷等组分的含量。检测器是仪器的关键部件，红外检测器分成热检测器和光子检测器两种类型。热检测器是一种能量转换器，可以把热能转换成电信号，电信号经放大后，输入数据装置。光子检测器接收红外辐射，将半导体中的电子从非导电能级激发到导电能级，在这一过程中半导体的电阻有所降低。所以半导体检测器比热检测器响应快。

1.3.4　其他分析方法

微量氧分析仪根据工作原理及应用范围的不同可分为热磁式、氧化锆式、燃料电池式及赫兹电池式四大类。在实际应用过程中，应根据具体要求选择合适的分析仪，以确保测量结果的准确可靠。

微量水分析仪也是评价高纯气体质量的主要指标之一。微量水分析仪的测量原理大致有四种，即电解法、露点法、电容法以及石英晶体振动频率测定法。电解法具有价格低、反应速度快等优点，在高纯气体的在线分析中得到了广泛的应用。露点仪具有灵敏度高、测量准确等优点，但仪器价格昂贵，维护困难，通常用于实验室中测量高纯气体中微量水含量。电容法温度分析仪具有测量速度快、重复性好、价格低廉等优点，但存在着耗气量大，需要经常校准等缺点。晶体振荡法具有灵敏度高、反应速度快、抗干扰性强等优点，广泛用于半导体行业用超高纯气体中水分含量的测定。

1.4　环境气体标准样品的应用

随着经济与科学技术的发展，环境气体标准样品的用途日益广泛，在空气质量监测和检测、实验室认可和实验室能力验证等领域产生了很好的经济效益和社会效益。环境气体标准样品的用途可以归纳为以下几点。

1.4.1　用于空气监测和检测

在环境空气和废气的监测工作中，环境气体标准样品以其特有的量值准确传递的性质，通过对气体监测分析仪器的校准，对气体测量过程和气体测量质量的控制和评估，将环境气体标准样品的量值信息准确传递到实际环境监测工作中，保证不同时间和空间环境监测数据的准确性、可比性，实现环境监测结果的可溯源性，为有效地提高我国空气和废气监测分析质量提供了良好的技术保证。

（1）大气环境自动监测

我国陆续发布实施了《环境空气质量标准》和《环境空气质量指数（AQI）技术规定（试行）》，截至 2005 年底，全国共建设空气质量自动监测系统 911 套，正在逐步建成布局合理、覆盖全面、功能齐全、指标完整、运行高效的国家环境空气监测网络，实现了环境空气中二氧化硫、氮氧化物、颗粒物和一氧化碳等主要污染物连续监测。由于环境自动监测系统通常是以气体标准样品为基准的进行相对测量的气体分析仪组成，因此在空气质量自动监测系统运行时，必须使用量值准确可靠，并具有溯源性保障的环境气体标准样品实施质量保证和质量控制，从而确保所提供准确可靠的监测数据。

（2）空气污染源监测

在空气污染源监测工作中，环境气体标准样品已在全国的环境监测系统得到了较好的应用，为有关污染源气体的测量提供了良好的可溯源依据，保证了气体测量结果的准确可靠；同时，配合了相关气体分析标准和污染物排放标准在污染源监测工作中有效地实施。

（3）室内环境空气质量检测

随着人们生活水平的提高，越来越多的人们关注室内的空气质量，室内空气污染物来源广泛、种类繁多，包括建筑材料、室内装饰材料及家具、生活和办公用品等释放的各种污染物，这些化合物具有或被怀疑具有致癌、致畸作用，或者引起人体神经或其他疾病，也就是所谓的"病态建筑综合症（SBS）"，对人们的身体健康构成了严重的威胁。我国现行的室内空气质量标准（GB/T 18883—2002）中对空气中苯、甲苯、二甲苯、总挥发性有机物等浓度进行了限量。要准确测定家居环境中有害气体的含量，需要有相应的环境气体标准样品来校准仪器，在分析环境实际样品的过程中，环境气体标准样品可完成对未知含量的混合气体的标定并赋予准确的量值；同时，也可作为质量控制标准样品，同环境实际样品共同分析，以保证测定结果的准确性。目前，环境气体标准样品已经广泛应用于室内环境空气质量检测的分析测量和质量保证工作。

（4）汽车尾气排放、石油化工、科学研究等领域

公安部发布信息，截至 2012 年 6 月底，全国机动车总保有量达 2.33 亿辆，全国机动车呈快速增长趋势。随着汽车数量的增加，汽车尾气污染日益成为社会关注的问题之一。环境气体标准样品被广泛应用于汽车尾气分析仪的校准和计量检定工作，保证了汽车污染物排放的准确测定和评估，以利于有效地控制和降低汽车尾气排放对大气环境的影响。

同时，环境气体标准样品还广泛应用于石油化工、科学研究等相关领域，在新仪器的定型鉴定、安装测试，评价测量过程与各种测量的质量中发挥着重要的作用。

1.4.2　在环境管理工作中的应用

环境气体标准样品用作质控考核样品，对分析过程进行质量控制，以保证监测数据的准确可靠，满足环境管理和决策的需要。自 2004 年以来，根据全国环境监测工作计划的安排，中国环境监测总站组织开展了国家重点城市空气自动站的质控考核工作和污染源监测考核工作，以保证空气监测系统整体的分析测量能力，提高空气监测的技术水平。环境气体标准样品连续九年以未知样品的形式用于全国重点城市空气自动站的质控考核工作和污染源监测考核工作。

1.4.3　用于分析方法的验证

一个分析方法建立后需要考察分析方法的准确度和精密度，采用标准样品可以对分析方法进行评定。评定程序为：选择合适的标准样品及其浓度，采用待评定的分析方法进行重复测定，用统计方法计算测定结果，如果测定值在标准样品的标准值的不确定度范围内，说明该方法是准确可靠的。方法的精密度可以通过统计检验进行评定。环境气体标准样品在环境气体污染物分析方法的制定、验证和实施中必不可少。

1.4.4　用于实验室认可和实验室能力验证

近几年来，国内外越来越重视出具公证数据测量实验室的认证和认可工作，国家权威机构对测量实验室承担某些监测任务的条件和能力进行全面的审查和评价，从而决定是否发放授权证书。在审核和评价过程中，运用相应的标准样品是必不可少的。

1.5　气体标准样品的安全使用

在环境空气监测分析的过程中，气体标准样品的正确使用直接关系到监测结果的准确性。因此，在气体标准样品的使用过程中，应注意以下几个问题：

1）使用前仔细全面地阅读标准样品证书，了解证书中给出的信息和要求，保证气体标准样品的正确使用。

2）由于在环境气体的监测分析工作中，多使用仪器测量方法。因此，在使用气体标准样品进行气体分析仪器的校准时，应根据被测量气体样品的组分含量和气体分析仪的量程，选择相应气体性质和组分量值的气体标准样品，保证监测数据的准确。

3）注意气体标准样品取样装置和气体分析仪连接装置的气密性。在接入气体标准样品前，应先通入高纯氮气，以不低于气体标准样品使用时的压力和流速，检查气体取样装置和气体分析仪连接装置，保证无气体泄漏。

4）在气体标准样品取样过程中，取样管路应清洁、干燥，并尽可能减少气路长度，以保证管路中残余气体能较快置换清洗干净。另外，应选用对组分样品无物理吸附和化学反应的气体取样管路，以保证气体标准样品在使用过程中量值的准确。

5）在气体分析仪进样过程中，应准确计量气体流量，保证气体标准样品和待测样品气体在仪器校准和测量过程中流量的一致性，防止由于气体流量差异引起的测量偏差。当使用气体采集装置进行间接进样时，应以气体标准样品或待测样品置换清洗气体样品采集装置，以减少装置内残余气体对准确测量影响。

6）在气体标准样品的使用中，要注意气体标准样品浓度单位的表示。环境气体标准样品的浓度单位均以摩尔分数 μmol/mol 表示；但在实际监测过程中，通常使用 mg/m³ 表示气体样品的浓度。因此，在气体标准样品的使用过程中，需注意气体样品浓度单位的一致性，两种表示浓度在标准状态下（0℃，101MPa）的换算公式为：

$$1 \mu mol/mol = (M/22.4) \ mg/m^3$$

式中：M——分子量。

1.6　气体标准样品研制的技术路线

气体标准样品研制参照《气体分析 校准用混合气体的制备 称量法》（GB/T 5274—2008）推荐的称量法、《标准样品工作导则（3）标准样品定值的一般原则和统计方法》（GB/T 15000.3—2008）进行样品的制备方法、均匀性、稳定性以及不确定度研究。如图1-1 所示。

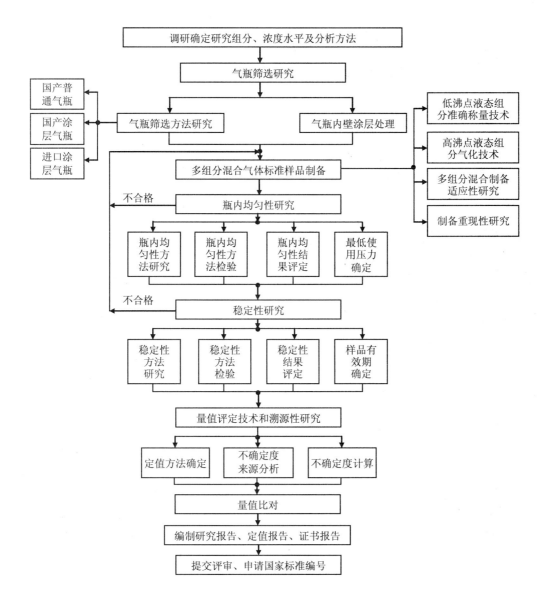

图 1-1　氯代烃混合气体标准样品研究技术路线

第2章 氯代烃气体的分析方法研究

2.1 国外分析方法概述

挥发性氯代烃气体的测定主要采用气相色谱法。进样方式主要有直接进样和预浓缩进样。所使用检测器主要有氢火焰离子化检测器（FID）、质谱检测器（MSD）、电子捕获检测器（ECD）等。

《Workplace air – Determination of vaporous chlorinated hydrocarbons–charcoaltube/ solvent desorption/gas chromatographic method》（车间空气 挥发性氯化烃的测定 活性炭管/溶剂解析/气相色谱法）（ISO 9486—1991）描述了用吸附管/气相色谱法测定车间空气中挥发性卤代烃的方法，该方法使用活性炭吸附，二硫化碳解析，采用聚乙二醇填充柱分离，使用氢火焰离子化检测器（FID）或其他适合的检测器测定卤代烃。方法测定的目标化合物有二氯甲烷、氯仿、四氯化碳、1,1-二氯乙烷、1,2-二氯乙烷、1,1-二氯乙烯、1,2-二氯乙烯、1,1,1-三氯乙烷、1,1,2-三氯乙烷、三氯乙烯、1,1,2,2-四氯乙烷、四氯乙烯、1,2-二氯丙烷、氯苯、邻二氯苯十五种氯代烃。

美国 EPA 方法中测定环境空气中挥发性有机物的方法有 TO-1、TO-2、TO-14、TO-15 和 TO-17。这些标准方法不是单独针对挥发性氯代烃，但是测定项目包含氯代烃。《Method for the determination of volatile organic-compounds in ambient air using Tenax adsorption and Gas Chromatography/Mass spectrometry》（TO-1）是采用 Tenax GC 采样、热解吸附技术、气相色谱质谱法测定空气中的挥发性有机物。《Method for the determination of volatile organic-compounds in ambient air by carbon molecular sieve adsorption and Gas Chromatography/Mass spectrometry》（TO-2）是采用碳分子筛采样，气质联用测定空气中的挥发性有机物。《Method for the determination of volatile organic-compounds in ambient air using specially prepared canisters with subsequent analysis by Gas Chromatography》（TO-14），方法采用 SUMMA 罐采样，气相色谱法测定室内空气中的 39 种 VOCs。《Method for the determination of volatile organic-compounds in ambient air using specially prepared canisters with subsequent analysis by Gas Chromatography》（TO-15），采用 SUMMA 罐采样，气相色谱法测定室内空气中的 VOCs。表 2-1 给出了 TO-1、TO-2 和 TO-14 测定的目标化合物。

表 2-1 TO-1、TO-2 和 TO-14 测定的目标化合物

序号	测定的化合物（中文名）
TO-1	苯、甲苯、乙苯、二甲苯、异丙基苯、正庚烷、正庚烯、氯仿、四氯化碳、1,2-二氯乙烷、1,1,1-三氯乙烷、四氯乙烯、三氯乙烯、1,2-二氯丙烷、1,3-二氯丙烷、氯苯、三溴甲烷、二溴乙烯、溴苯
TO-2	氯乙烯、丙烯腈、偏-二氯乙烯、二氯甲烷、氯丙烯、氯仿、1,2-二氯乙烷、1,1,1-三氯乙烷苯、四氯化碳、甲苯
TO-14	R12、氯甲烷、R114、氯乙烯、1,3-丁二烯、溴甲烷、氯乙烷、R11、1,1-二氯乙烯、二氯甲烷、R113、1,1-二氯乙烷、顺-1,2-二氯乙烯、氯仿、1,2-二氯乙烷、1,1,1-三氯乙烷、苯、四氯化碳、1,2-二氯丙烷、三氯乙烯、顺-1,3-二氯丙烯、反-1,3-二氯丙烯、1,1,2-三氯乙烯、甲苯、1,2-二溴乙烷、四氯乙烯、氯苯、乙苯、对二甲苯、间二甲苯、苯乙烯、邻二甲苯、四氯乙烷、1,3,5-三甲苯、1,2,4-三甲苯、1,3-二氯苯、1,4-二氯苯、1,2-二氯苯、1,2,4-三氯苯、六氯-1,3-丁二烯

2.2 国内分析方法概述

国内有关挥发性氯代烃气体的分析方法还不完善，主要是针对一种或两种氯代烃的方法。《空气和废弃监测分析方法》中挥发性卤代烃的测定，采用活性炭采样，使用电子捕获检测器或氢火焰检测器检测，主要检测的组分包括四氯化碳、氯苯、三氯甲烷、邻二氯苯、对二氯苯、1,1,1-三氯乙烷、四氯乙烯、1,1,2-三氯乙烷等 16 种卤代烃。目前环境保护部组织编写的分析方法正在征求意见。表 2-2 列出了国内挥发性卤代烃的标准分析方法。

表 2-2 国内相关分析方法一览表

标准编号	方法名称	测定组分	检测方法
GB/T 16218—1996	车间空气中二氯甲烷卫生标准	二氯甲烷	GC-FID
GB/T 16083—1995	车间空气中四氯化碳的溶剂解吸气相色谱测定方法	四氯化碳	GC-FID
GB/T 16085—1995	车间空气中二氯乙烷的直接进样气相色谱测定方法	1,1-二氯乙烷、1,2-二氯乙烷	GC-FID
GB/T 18561—2001	车间空气中 1,1,1-三氯乙烷职业接触限制	1,1,1-三氯乙烷	GC-FID
GB/T 17090—1997	车间空气中三氯乙烯的气相色谱测定方法	三氯乙烯	GC-FID
GB/T 16204—1996	车间空气卫生标准	氯苯	活性炭采样 GC-FID
WS/T 157—1999	作业场所空气中氯苯的扩散法采样溶剂解吸气相色谱测定方法	氯苯	无泵型采集器采样 GC-FID
GB/T 18468—2001	室内空气中对二氯苯卫生标准	对二氯苯	活性炭采样 GC-FID
《空气和废弃监测分析方法》	挥发性卤代烃的测定	四氯化碳、氯苯、三氯甲烷、邻二氯苯、对二氯苯、1,1-三氯乙烷、四氯乙烯、1,1,2-三氯乙烷等 16 种卤代烃	GC-FID GC-ECD
征求意见稿	《环境空气 挥发性卤代烃的测定》	21 种氯代烃	GC-ECD

2.3　氯代烃混合气体标准样品的分析方法

2.3.1　概述

氯代烃混合气体标准样品可以采用 GC-FID 法和 GC-MS 法进行定量和定性测定。采用 GC-MS 法测定 1μmol/mol 的氯代烃混合气体标准样品，首先采用预浓缩仪富集样品后进样，用弱极性或中等极性的色谱柱分离，应用气质联用法（GC-MS）对氮气中氯代烃混合气体标准样品进行定性检测。采用 GC-FID 法测定 1μmol/mol 的氯代烃混合气体标准样品时，可以大体积直接进样，用弱极性或中等极性的色谱柱分离，用氢火焰检测器检测。表 2-3 列出了氯代烃混合气体标准样品的组分名单。

表 2-3　氯代烃混合气体标准样品的组分名单

序号	中文名称	英文名称	CAS
1	氯甲烷	chloromethane	74-87-3
2	氯乙烯	Vinyl chloride	75-01-4
3	氯乙烷	chloroethane	75-00-3
4	1,1-二氯乙烯	1,1-dichloroethane	75-35-4
5	二氯甲烷	dichloromethane	75-09-2
6	反-1,2-二氯乙烯	trans-1,2-dichloroethylene	156-60-5
7	1,1-二氯乙烷	1,1-dichloroethane	75-34-3
8	顺-1,2-二氯乙烯	cis-1,2-dichloroethylene	156-59-2
9	三氯甲烷	chloroform	67-66-3
10	1,1,1-三氯乙烷	1,1,1-trichloroethane	71-55-6
11	1,2-二氯乙烷	1,2-dichloroethane	107-06-2
12	四氯化碳	carbon tetrachloride	56-23-5
13	三氯乙烯	trichloroethylene	79-01-6
14	1,2-二氯丙烷	1,2-dichloropropene	78-87-5
15	1,1,2-三氯乙烷	1,1,2-trichloroethane	79-00-5
16	四氯乙烯	tetrachloroethylene	127-18-4
17	氯苯	chlorobenzene	108-90-7
18	1,1,1,2-四氯乙烷	1,1,1,2 - tetrachloroethane	630-20-6
19	1,1,2,2-四氯乙烷	1,1,2,2 - tetrachloroethane	79-34-5
20	间二氯苯	m-dichlorobenzene	541-73-1
21	对二氯苯	p-dichlorobenzene	106-46-7
22	邻二氯苯	o-dichlorobenzene	95-50-1

2.3.2　GC-MS 法测定挥发性氯代烃混合气体标准样品

采用气质联用法对挥发性氯代烃混合气体标准样品中 22 个氯代烃进行了确认。本方法采用安捷伦 7890 气相色谱仪和 5973N 质谱仪，进样器采用 Nutech 3550 型预浓缩仪。分析条件如下所示：

色谱柱：DB-5MS，60 m×0.32 mm×1.00μm

柱流量：1.3 mL/min

柱温：35℃，保持 3 min，以 8℃/min 升至 75℃，再以 15℃/min 升至 180℃，再以 20℃/min 升至 220℃，保持 1 min。

载气：He

离子源温度：230℃

四级杆温度：150℃

辅助加热区（质谱传输线）：270℃

预浓缩仪 3550 实验条件：

进样体积：5 mL

冷阱：冷冻温度：−150℃

　　　加热温度：220℃

　　　稳定时间：10 s

冷聚焦温度：冷冻温度：−150℃

加热温度：220℃

稳定时间：10 s

样品载入时间：90 s

图 2-1 列出了挥发性氯代烃混合气体标准样品总离子图，图 2-2 至图 2-46 列出了挥发性氯代烃混合气体标准样品总离子图中 22 个色谱峰的质谱图和 NIST 标准谱图。挥发性氯代烃混合气体标准样品中 22 个组分的质谱图分别与 NIST 标准谱图比对，结果显示图中 22 个组分依次分别是氯甲烷、氯乙烯、氯乙烷、1,1-二氯乙烯、二氯甲烷、反-1,2-二氯乙烯、1,1-二氯乙烷、顺-1,2-二氯乙烯、三氯甲烷、1,1,1-三氯乙烷、1,2-二氯乙烷、四氯化碳、三氯乙烯、1,2-二氯丙烷、1,1,2-三氯乙烷、四氯乙烯、氯苯、1,1,1,2-四氯乙烷、1,1,2,2-四氯乙烷、间二氯苯、对二氯苯、邻二氯苯，与样品中的 22 种组分一致。

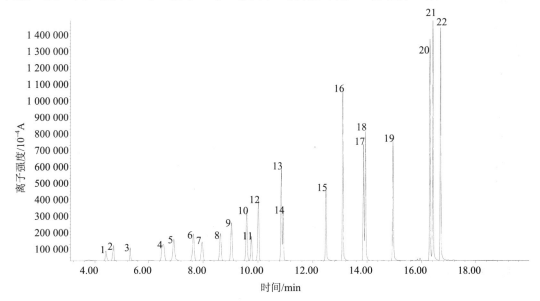

图 2-1　挥发性氯代烃混合气体标准样品总离子图

主成分 No.1 扫描质谱图如图 2-2 所示。

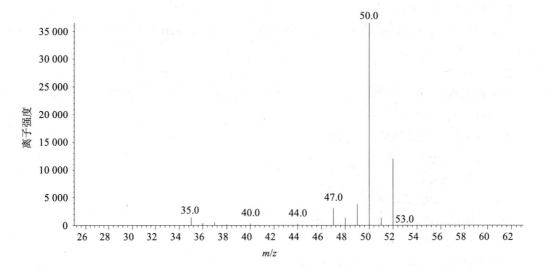

图 2-2   主成分 No.1 质谱图

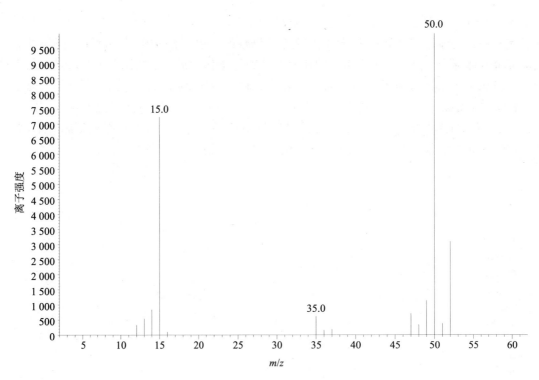

图 2-3   氯甲烷标准质谱图

根据检索 NIST 谱图可知，主成分 No.1 为氯甲烷。

主成分 No.2 扫描质谱图如图 2-4 所示。

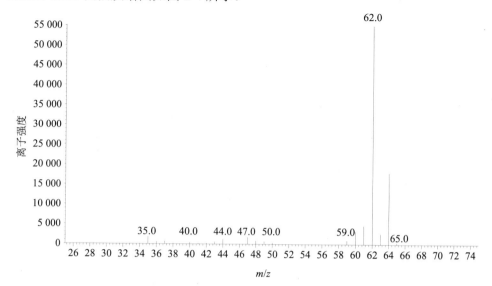

图 2-4　主成分 No.2 质谱图

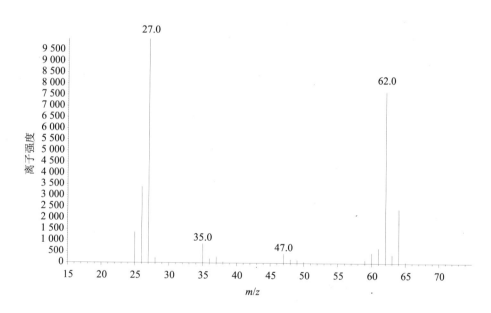

图 2-5　氯乙烯标准质谱图

根据检索 NIST 谱图可知，主成分 No.2 为氯乙烯。

主成分 No.3 扫描质谱图如图 2-6 所示。

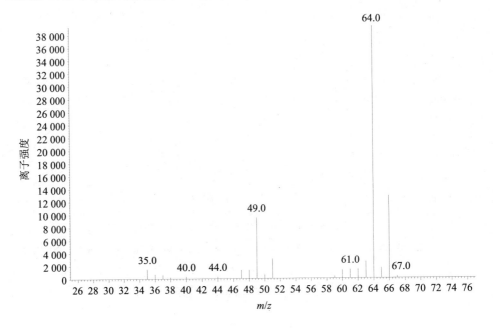

图 2-6   主成分 No.3 质谱图

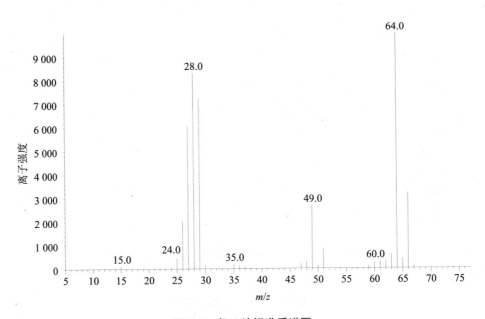

图 2-7   氯乙烷标准质谱图

根据检索 NIST 谱图可知，主成分 No.3 为氯乙烷。

主成分 No.4 扫描质谱图如图 2-8 所示。

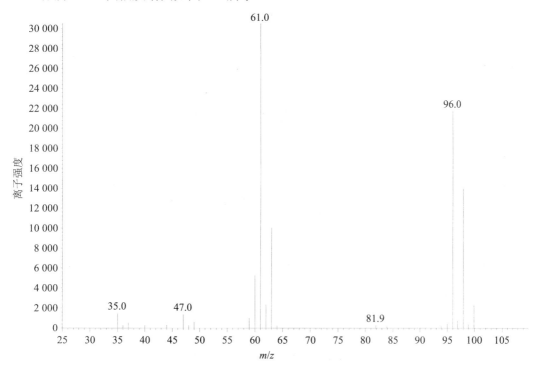

图 2-8　主成分 No.4 质谱图

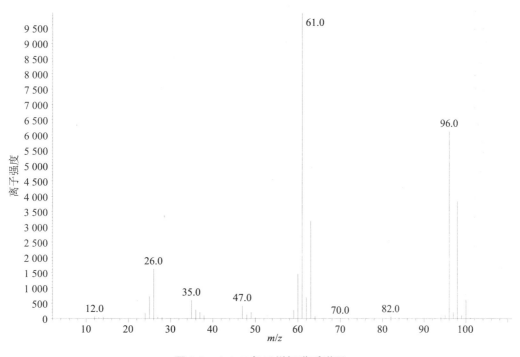

图 2-9　1,1-二氯乙烯标准质谱图

根据检索 NIST 谱图可知，主成分 No.4 为 1,1-二氯乙烯。

主成分 No.5 扫描质谱图如图 2-10 所示。

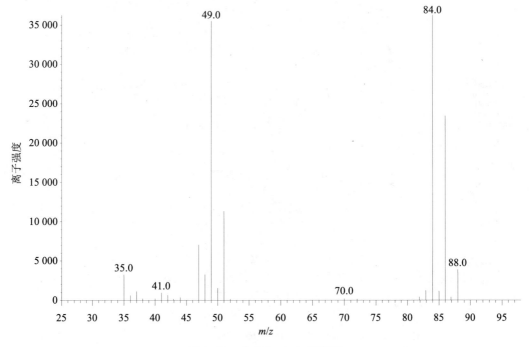

图 2-10   主成分 No.5 质谱图

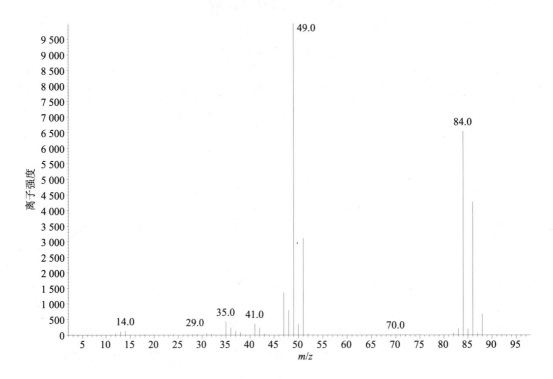

图 2-11   二氯甲烷标准质谱图

根据检索 NIST 谱图可知，主成分 No.5 为二氯甲烷。

主成分 No.6 扫描质谱图如图 2-12 所示。

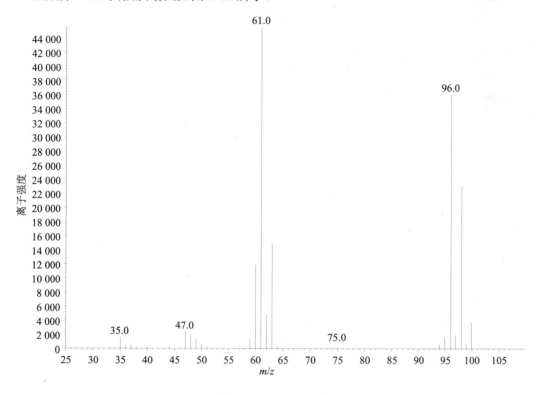

图 2-12　主成分 No.6 质谱图

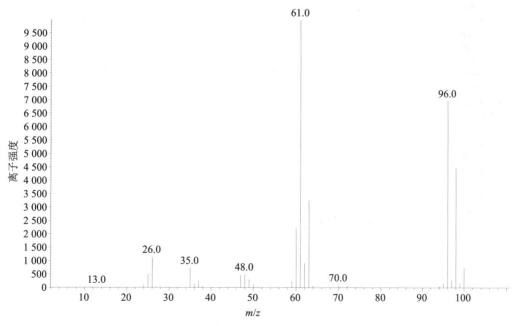

图 2-13　反-1,2-二氯乙烯标准质谱图

根据检索 NIST 谱图可知，主成分 No.5 为反-1,2-二氯乙烯。

主成分 No.7 扫描质谱图如图 2-14 所示。

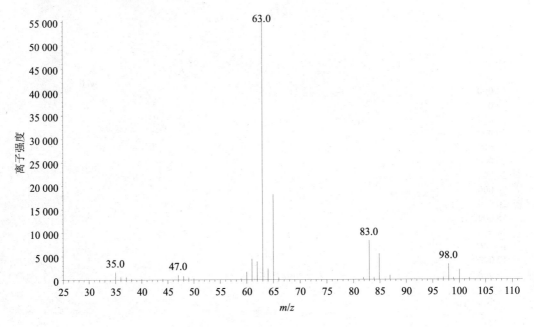

图 2-14 主成分 No.7 质谱图

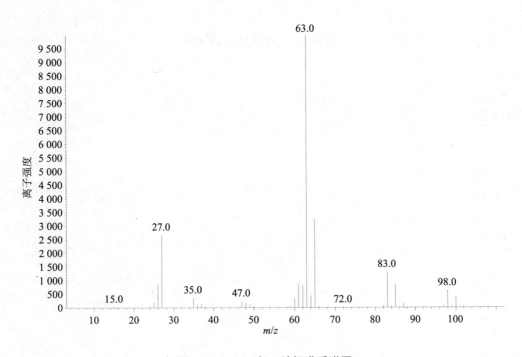

图 2-15 1,1-二氯乙烷标准质谱图

根据检索 NIST 谱图可知，主成分 No.7 为 1,1-二氯乙烷。

主成分 No.8 扫描质谱图如图 2-16 所示。

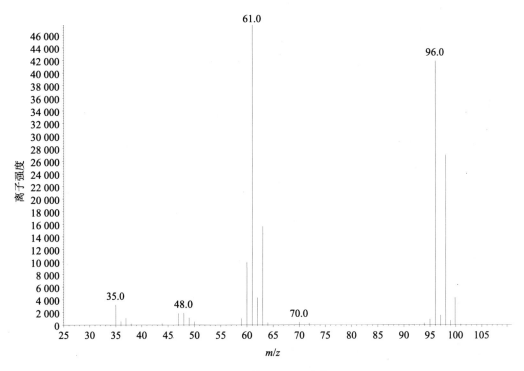

图 2-16　主成分 No.8 质谱图

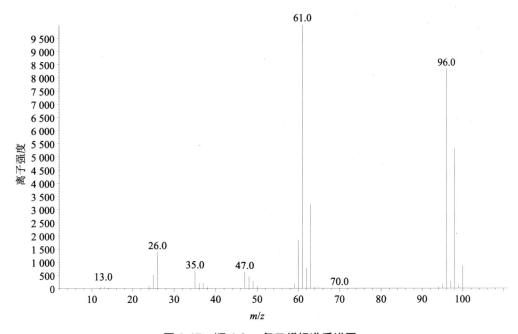

图 2-17　顺-1,2-二氯乙烯标准质谱图

根据检索 NIST 谱图可知，主成分 No.8 为顺-1,2-二氯乙烯。

主成分 No.9 扫描质谱图如图 2-18 所示。

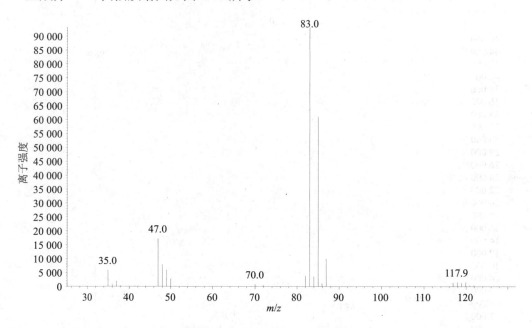

图 2-18 主成分 No.9 质谱图

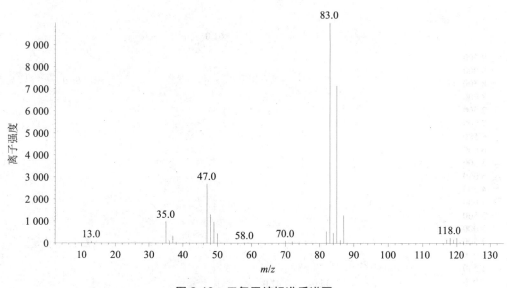

图 2-19 三氯甲烷标准质谱图

根据检索 NIST 谱图可知，主成分 No.9 为三氯甲烷。

主成分 No.10 扫描质谱图如图 2-20 所示。

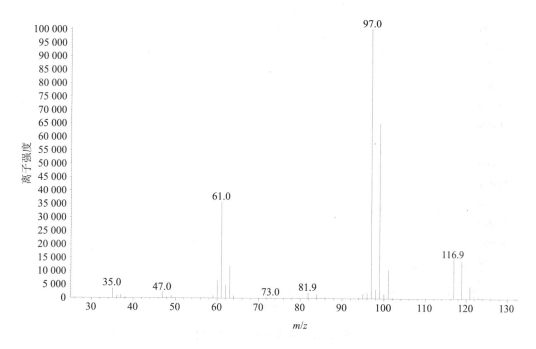

图 2-20　主成分 No.10 质谱图

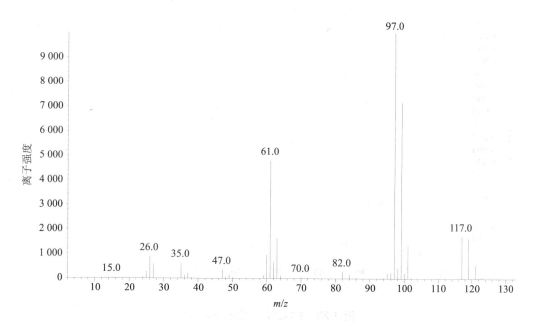

图 2-21　1,1,1-三氯乙烷标准质谱图

根据检索 NIST 谱图可知，主成分 No.10 为 1,1,1-三氯乙烷。

主成分 No.11 扫描质谱图如图 2-22 所示。

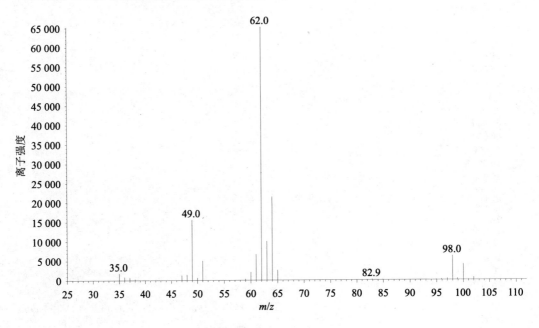

图 2-22　主成分 No.10 质谱图

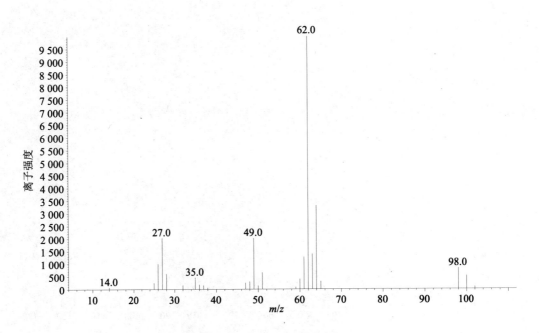

图 2-23　1,2-二氯乙烷标准质谱图

根据检索 NIST 谱图可知，主成分 No.11 为 1,2-二氯乙烷。

主成分 No.12 扫描质谱图如图 2-24 所示。

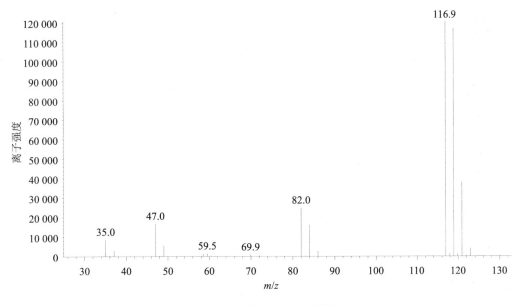

图 2-24　主成分 No.12 质谱图

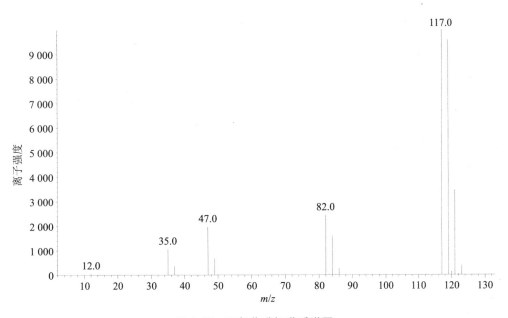

图 2-25　四氯化碳标准质谱图

根据检索 NIST 谱图可知，主成分 No.12 为四氯化碳。

主成分 No.13 扫描质谱图如图 2-26 所示。

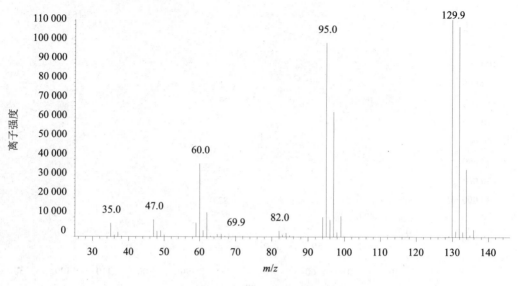

图 2-26　主成分 No.13 质谱图

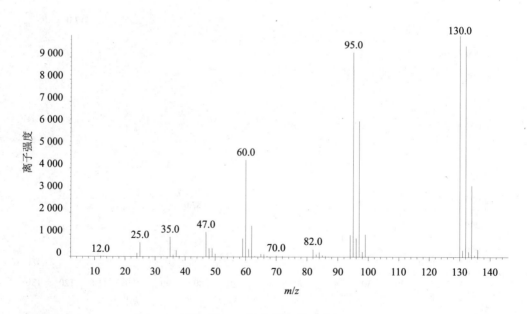

图 2-27　三氯乙烯标准质谱图

根据检索 NIST 谱图可知，主成分 No.13 为三氯乙烯。

主成分 No.14 扫描质谱图如图 2-28 所示。

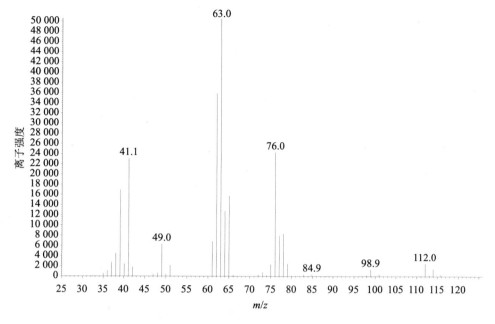

图 2-28　主成分 No.14 质谱图

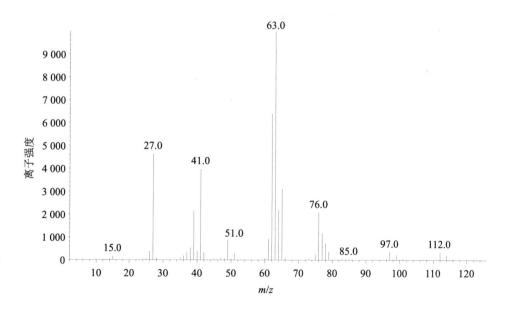

图 2-29　1,2-二氯丙烷标准质谱图

根据检索 NIST 谱图可知，主成分 No.14 为 1,2-二氯丙烷。

主成分 No.15 扫描质谱图如图 2-30 所示。

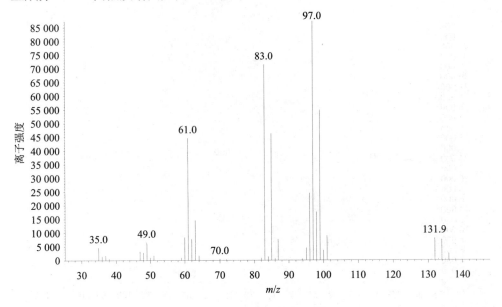

图 2-30   主成分 No.15 质谱图

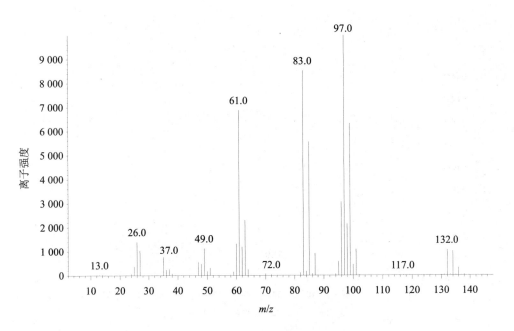

图 2-31   1,1,2-三氯乙烷标准质谱图

根据检索 NIST 谱图可知，主成分 No.15 为 1,1,2-三氯乙烷。

主成分 No.16 扫描质谱图如图 2-32 所示。

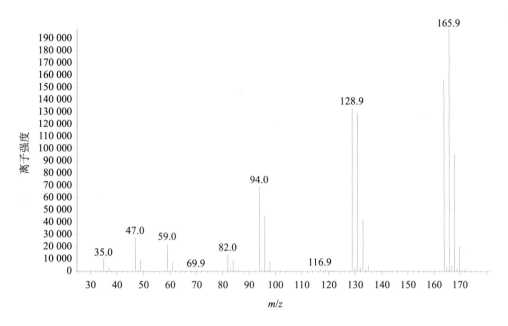

图 2-32　主成分 No.16 质谱图

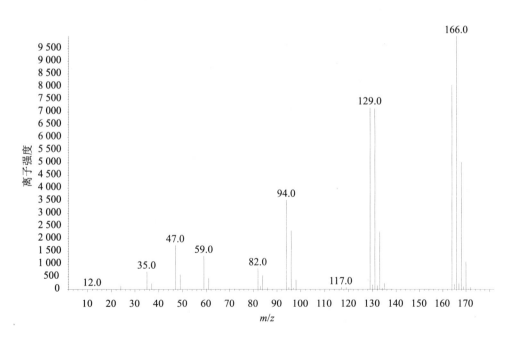

图 2-33　四氯乙烯标准质谱图

根据检索 NIST 谱图可知，主成分 No.16 为四氯乙烯。

主成分 No.17 扫描质谱图如图 2-34 所示。

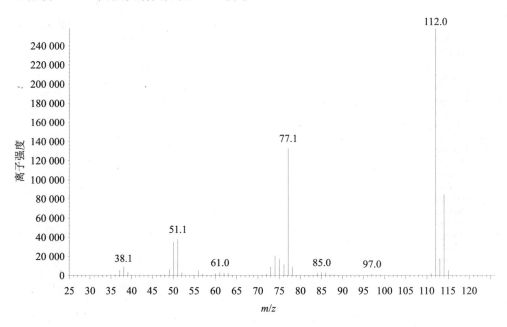

图 2-34   主成分 No.17 质谱图

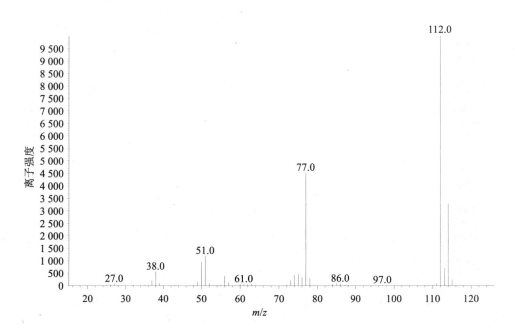

图 2-35   氯苯标准质谱图

根据检索 NIST 谱图可知，主成分 No.17 为氯苯。

主成分 No.18 扫描质谱图如图 2-36 所示。

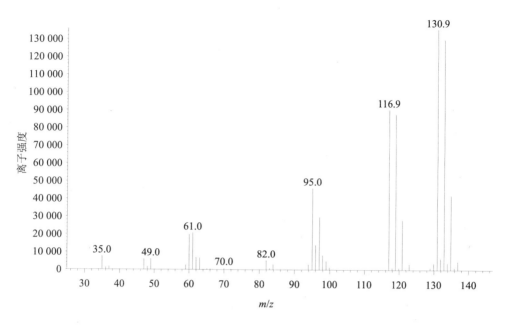

图 2-36　主成分 No.18 质谱图

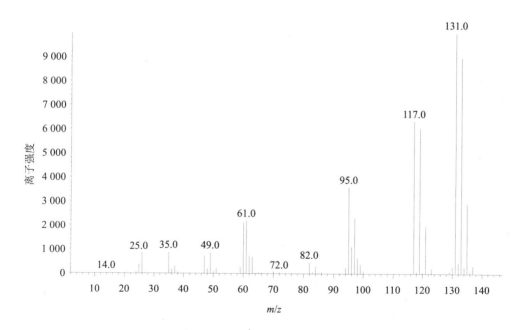

图 2-37　1,1,1,2-四氯乙烷标准质谱图

根据检索 NIST 谱图可知，主成分 No.18 为 1,1,1,2-四氯乙烷。

主成分 No.19 扫描质谱图如图 2-38 所示。

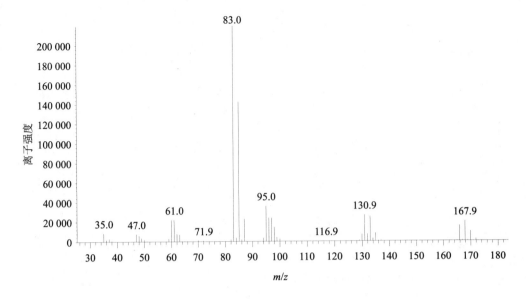

图 2-38　主成分 No.19 质谱图

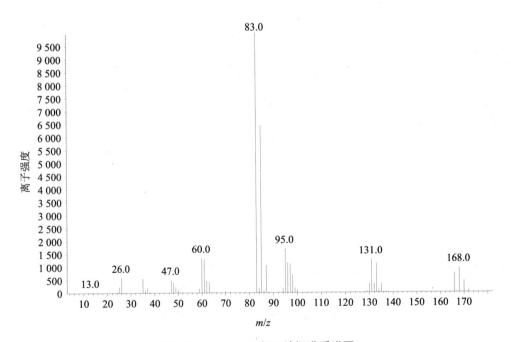

图 2-39　1,1,2,2-四氯乙烷标准质谱图

根据检索 NIST 谱图可知，主成分 No.19 为 1,1,2,2-四氯乙烷。

主成分 No.20 扫描质谱图如图 2-40 所示。

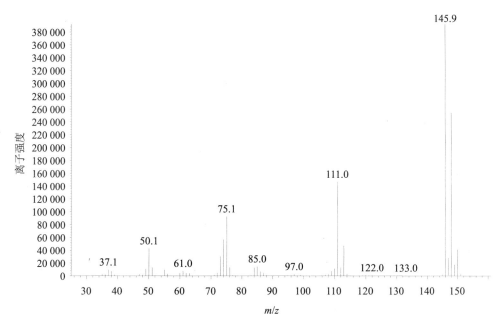

图 2-40　主成分 No.20 质谱图

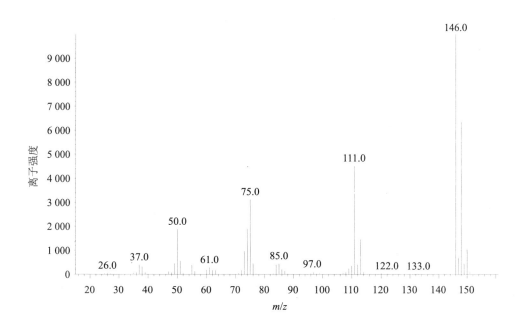

图 2-41　间二氯苯标准质谱图

根据检索 NIST 谱图可知，主成分 No.20 为间二氯苯。

主成分 No.21 扫描质谱图如图 2-42 所示。

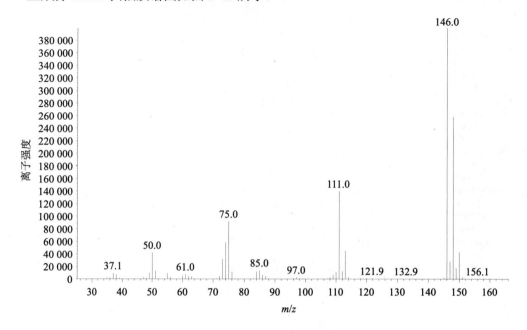

图 2-42　主成分 No.21 质谱图

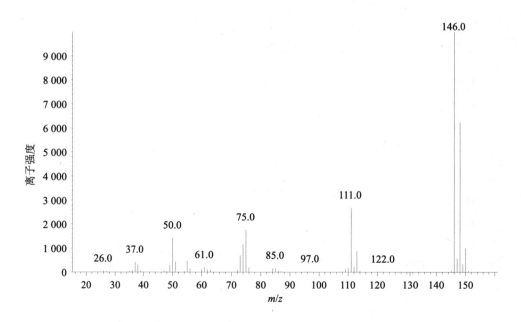

图 2-43　对二氯苯标准质谱图

根据检索 NIST 谱图可知,主成分 No.21 为对二氯苯。

主成分 No.22 扫描质谱图如图 2-44 所示。

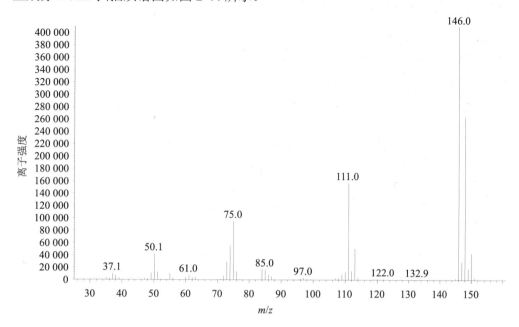

图 2-44　主成分 No.22 质谱图

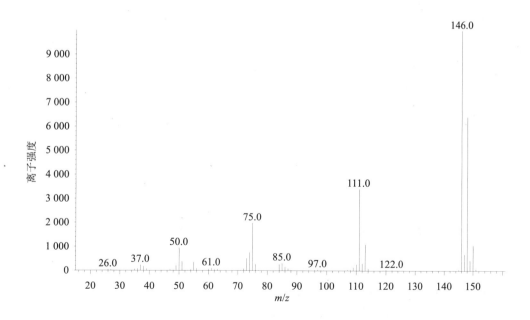

图 2-45　邻二氯苯标准质谱图

根据检索 NIST 谱图可知，主成分 No.22 为邻二氯苯。

2.3.3 GC-FID 法测定氯代烃混合气体标准样品

采用 GC-FID 法测定氯代烃混合气体标准样品的实验条件见表 2-4。该方法实现了挥发性氯代烃气体标准样品色谱峰的良好分离。浓度为 1μmol/mol 氮气中氯代烃混合气体标准样品 6 次重复分析的相对标准偏差评价分析方法的重复性，结果如表 2-5 所示，方法的重复性良好。表 2-6 列出了方法的检出限。

表 2-4　GC-FID 法测定氯代烃混合气体标准样品的分析条件

色谱柱	DB624 60 m×0.53 mm×3μm
程序升温	37℃（保持 3 min）以 10℃/min 升至 180℃（保持 5 min）
检测器温度	250℃
进样量	2 mL

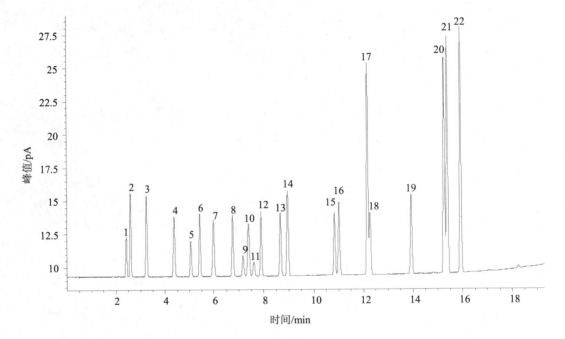

1. 氯甲烷；2. 氯乙烯；3. 氯乙烷；4. 1,1-二氯乙烯；5. 二氯甲烷；6. 反-1,2-二氯乙烯；
7. 1,1-二氯乙烷；8. 顺-1,2-二氯乙烯；9. 三氯甲烷；10. 1,1,1-三氯乙烷；11. 四氯化碳；
12. 1,2-二氯乙烷；13. 三氯乙烯；14. 1,2-二氯丙烷；15. 1,1,2-三氯乙烷；16. 四氯乙烯；17. 氯苯；
18. 1,1,1,2-四氯乙烷；19. 1,1,2,2-四氯乙烷；20. 间二氯苯；21. 对二氯苯；22. 邻二氯苯

图 2-46　氮气中氯代烃混合气体标准样品气相色谱分析谱图

表 2-5　分析方法的重复性

响应值 组分	A_1	A_2	A_3	A_4	A_5	A_6	$\bar{A}$	RSD/%
氯甲烷	25.08	25.01	25.12	25.04	25.06	24.93	25.04	0.3
氯乙烯	62.56	61.99	61.56	61.49	61.28	61.36	61.71	0.8
氯乙烷	64.55	64.11	63.65	63.41	63.50	63.62	63.81	0.7
1,1-二氯乙烯	53.07	52.65	52.41	52.40	52.22	52.19	52.49	0.6
二氯甲烷	28.52	28.35	28.14	28.26	28.08	28.11	28.24	0.6
反-1,2-二氯乙烯	51.53	51.24	50.96	51.02	50.79	50.82	51.06	0.6
1,1-二氯乙烷	52.26	51.95	51.78	51.59	51.53	51.44	51.76	0.6
顺-1,2-二氯乙烯	50.55	49.97	49.95	49.82	49.71	49.73	49.96	0.6
三氯甲烷	18.19	18.09	17.99	17.96	17.92	17.91	18.01	0.6
1,1,1-三氯乙烷	53.33	53.01	52.79	52.65	52.55	52.53	52.81	0.6
四氯化碳	14.29	14.20	14.01	14.03	13.97	13.95	14.08	1.0
1,2-二氯乙烷	52.67	52.39	52.17	52.06	51.96	51.88	52.19	0.6
三氯乙烯	53.62	53.29	53.14	53.06	52.99	52.94	53.17	0.5
1,2-二氯丙烷	76.80	76.29	75.98	75.83	75.74	75.64	76.05	0.6
1,1,2-三氯乙烷	51.44	51.11	50.94	50.89	50.83	50.79	51.00	0.5
四氯乙烯	62.90	62.58	62.42	62.40	62.24	62.17	62.45	0.4
氯苯	173.0	171.8	171.4	171.2	171.1	170.9	171.6	0.4
1,1,1,2-四氯乙烷	51.34	50.90	50.79	50.65	50.72	50.48	50.81	0.6
1,1,2,2-四氯乙烷	59.52	58.79	58.53	58.36	58.40	58.36	58.66	0.8
间二氯苯	163.1	161.2	160.7	160.4	160.7	160.5	161.1	0.6
对二氯苯	177.5	175.5	175.0	174.7	175.1	175.0	175.5	0.6
邻二氯苯	179.0	176.4	175.5	175.1	175.4	175.3	176.1	0.8

表 2-6　方法的检出限

组分	检出限/（mol/mol）
氯甲烷	3.0×10^{-8}
氯乙烯	1.1×10^{-8}
氯乙烷	6.6×10^{-9}
1,1-二氯乙烯	7.4×10^{-9}
二氯甲烷	1.2×10^{-8}
反-1,2-二氯乙烯	5.4×10^{-9}
1,1-二氯乙烷	6.8×10^{-9}
顺-1,2-二氯乙烯	7.4×10^{-9}
三氯甲烷	1.8×10^{-8}
1,1,1-三氯乙烷	6.1×10^{-9}
四氯化碳	2.0×10^{-8}
1,2-二氯乙烷	6.8×10^{-9}
三氯乙烯	2.4×10^{-9}
1,2-二氯丙烷	2.3×10^{-9}
1,1,2-三氯乙烷	2.0×10^{-9}
四氯乙烯	2.2×10^{-9}
氯苯	4.2×10^{-9}
1,1,1,2-四氯乙烷	3.6×10^{-8}
1,1,2,2-四氯乙烷	4.0×10^{-9}
间二氯苯	1.7×10^{-8}
对二氯苯	2.1×10^{-8}
邻二氯苯	2.1×10^{-8}

2.4 氯代烃纯度分析

通常情况下，挥发性有机物的纯度分析采用归一化法测定。

归一化法的计算公式如下：

$$m_i = \frac{A_i}{A_1 + A_2 + \cdots + A_n} \times 100\% = \frac{A_i}{\sum\limits_{i=1}^{n} A} \times 100\% \qquad (2\text{-}1)$$

式中，m_i——组分物质 i 的量，mol；

A_i——组分物质 i 的峰面积。

当各个组分的绝对校正因子不同时，可以采用带校正因子的面积归一化法来计算。为了消除检测器对不同组分响应程度的差异，通过用校正因子对不同组分峰面积进行修正后，再进行归一化计算。其计算公式如下：

$$m_i = \frac{A_i g_i}{\sum\limits_{i=1}^{n} A_i g_i} \times 100\% \qquad (2\text{-}2)$$

式中，g_i——相对校正因子。

与面积归一化法的区别在于用绝对校正因子修正了每一个组分的面积，然后再进行归一化。由于分子分母同时都有校正因子，因此这里也可以使用统一标准下的相对校正因子（查阅文献可获取校正因子）。

结合挥发性氯代烃以及其纯品中可能存在的杂质的性质，采用 GC-MS 法对 22 个氯代烃进行定性分析，并采用 GC-FID 法对氯代烃的纯度进行定量检测，其中水分测定采用卡尔费休库仑滴定法。

定性检测：气相色谱/质谱联用法采用电子轰击电力方式，电子能量 70eV，全扫描检测模式，由质谱工作站记录质谱图，与 NIST 标准谱库对照，寻找最佳峰型谱图匹配的物质，并进行分子碎裂质谱学的确认。

定量检测：采用安装高效毛细管色谱柱的气相色谱-FID 检测，对于含量低的未知杂质，采用归一化方法测其纯度；对于含量高的杂质，在响应因子矫正的基础上，通过标准工作曲线的匹配，进行精确的杂质定量检测。水分测定采用高灵敏的卡尔费休库仑滴定法，进行水分含量的测定。色谱分析条件如下：色谱柱：DB624 60 m×0.53 mm×3μm；程序升温：37℃（保持 3 min）以 10℃/min 升至 180℃（保持 5 min）；分流：10∶1；检测器温度：250℃；进样量：2 mL。表 2-7 列出了氯代烃的纯度检测结果。

表 2-7　氯代烃的纯度检测结果

组分	纯度检测值/%	不确定度/%
1,1-二氯乙烯	99.8	0.5
二氯甲烷	99.9	0.5
反-1,2-二氯乙烯	99.7	0.5
1,1-二氯乙烷	99.7	0.5
顺-1,2-二氯乙烯	99.0	0.55
三氯甲烷	99.7	0.5
1,1,1-三氯乙烷	99.8	0.5
四氯化碳	100	0.5
1,2-二氯乙烷	99.9	0.5
三氯乙烯	99.0	0.5
1,2-二氯丙烷	99.7	0.5
1,1,2-三氯乙烷	98.5	0.55
四氯乙烯	99.6	0.5
氯苯	99.9	0.5
1,1,1,2-四氯乙烷	99.9	0.5
1,1,2,2-四氯乙烷	98.5	0.55
间二氯苯	99.8	0.5
对二氯苯	99.7	0.5
邻二氯苯	99.8	0.5

第 3 章　制备技术研究

挥发性有机物（VOCs）是指沸点在 50~260℃，室温下饱和蒸气压超过 133.32Pa 的易挥发性有机化合物。由于 VOCs 的沸点范围宽，既有常温下是气态的，也有液态的，而常温下液态的组分有沸点低、易挥发而不易称量的，也有沸点高达 180℃而不易汽化完全的，各组分对制备装置有着不同的要求，因此将这些组分制备成为混合气体标准样品是本研究的难点之一。

3.1　国外 VOCs 气体标准样品的制备技术

早在 1983 年美国 NIST 就开始挥发性有机物气体标准样品的制备技术，并应用该技术研制了苯和四氯乙烯混合气体标准样品。随后的 20 年，NIST 不断完善此项技术，现在已经研制成功的多达 30 种组分的挥发性有机物混合气体标准样品。该制备技术是首先将气瓶经涂层处理并抽真空，然后取一段毛细管，将液态 VOCs 组分封入毛细管内并准确称重，最后将毛细管放入与气瓶相连聚四氟管中，打开气瓶将毛细管弄断，同时采用电吹风加热，VOCs 被吸入气瓶。图 3-1 展示了美国 NIST 制备 VOCs 气体标准样品的所用的毛细管。该项技术的优势是克服了挥发性有机物不易称量的困难，所制备的气体标准样品量值准确，缺点是制备时间长，操作复杂，不易复制。

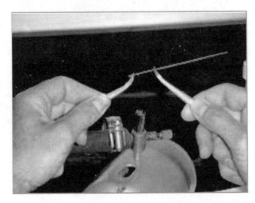

图 3-1　美国 NIST VOCs 气体标准样品制备用毛细管

英国国家物理实验室（NPL）也就 VOCs 气体标准样品的制备技术开展了研究，其制备技术是将 VOCs 加热挥发到与气瓶相连的容器（见图 3-2，其温度和压力可读）中，VOCs 被吸入气瓶。

图 3-2　英国 NPL VOCs 气体标准样品制备气化容器

3.2　挥发性氯代烃气体标准样品制备技术研究

我国的气体标准样品通常是一种组分，或者几种组分混合，多达几十种组分的挥发性有机物气体标准样品混合制备技术尚在探索阶段。而在实际监测或科研工作中，由于需要同时测定数十种污染物时，不得不选择多个标准样品校准，大大延长了分析测定的时间，需要研究挥发性氯代烃气体标准样品制备技术。依照《气体分析 校准用混合气体的制备 称量法》（GB/T 5274—2008），确定采用称量法制备氯代烃混合气体标准样品。结合国内外制备 VOCs 气体标准样品的现有经验，研究确定了一种采用两种装置分别将气态组分和液态组分加入到气瓶的制备方法，自主研发了液态组分气化填充装置，完成了工艺简便且重复性能够满足要求的挥发性氯代烃混合气体标准样品的制备技术研究。

表 3-1　22 种氯代烃的沸点一览表

序号	组分	沸点/℃
1	氯甲烷	−23.7
2	氯乙烯	13.4
3	氯乙烷	12.4
4	1,1-二氯乙烯	31.6
5	二氯甲烷	39.7
6	反-1,2-二氯乙烯	47.5
7	1,1-二氯乙烷	57.3
8	顺-1,2-二氯乙烯	60.6
9	三氯甲烷	61.1
10	1,1,1-三氯乙烷	74.0
11	四氯化碳	76.8
12	1,2-二氯乙烷	83.5
13	三氯乙烯	87.2
14	1,2-二氯丙烷	96.4
15	1,1,2-三氯乙烷	113.5
16	四氯乙烯	121.2
17	氯苯	131.7
18	1,1,1,2-四氯乙烷	138.2
19	1,1,2,2-四氯乙烷	146.3
20	间二氯苯	173
21	对二氯苯	174.1
22	邻二氯苯	180.5

3.2.1 制备原理

由于挥发性氯代烃混合环境气体标准样品中的氯代烃组分沸点范围宽，既有常温下是气态的，也有液态的，而且沸点低的液态组分不易称量的，沸点高组分不易汽化完全，因而各组分对制备过程有着不同的要求。挥发性氯代烃混合气体标准样品采用称量法制备，采用两种装置分别将气态组分和液态组分加入到气瓶中，并通过组分和高纯氮气质量来计算样品的配制值。

3.2.2 原料气和纯品

本项目采用的稀释气体为高纯氮气，99.999 5%，购自北京普莱克斯（PRAXAIR）实用气体有限公司。各组分所采用的名称和供应商见表 3-2，其纯度已经采用归一化方法验证，结果一致。

表 3-2 氯代烃供应商和纯度一览表

组分	来源	纯度/%
1,1-二氯乙烯	Fluka	99.5
二氯甲烷	ACROS 公司	99.9
反-1,2-二氯乙烯	ACROS 公司	99.7
1,1-二氯乙烷	TCI	99.1
顺-1,2-二氯乙烯	ACROS 公司	99.6
三氯甲烷	TEDIA	99.5
1,1,1-三氯乙烷	Sigma-adrich	99.5
四氯化碳	南京化学试剂	99.9
1,2-二氯乙烷	ACROS 公司	99.9
三氯乙烯	ACROS 公司	99.9
1,2-二氯丙烷	ACROS 公司	99.8
1,1,2-三氯乙烷	ACROS 公司	98.4
四氯乙烯	ACROS 公司	99.5
氯苯	ACROS 公司	99.9
1,1,1,2-四氯乙烷	Fluka	99.9
1,1,2,2-四氯乙烷	ACROS 公司	98.7
间二氯苯	ACROS 公司	99.6
对二氯苯	TCI	99.9
邻二氯苯	ACROS 公司	99.9

3.2.3 仪器设备

美国 HNU-Voland 81-V-HCE-30G 大型精密天平，30 kg/1 mg；Mettler-Toledo 1D1 Plus KA32 天平，32 kg/0.1 g；Mettler AE240 天平，200 g/0.01 mg；有机物液体汽化填充设备；日本 STEC 氮气填充设备；高压气瓶加热—抽真空设备。

3.2.4　挥发性氯代烃气体标准样品气化填充装置的研制

　　结合氯代烃沸点范围宽，部分组分易吸附的特点，设计并加工了挥发性氯代烃气体标准样品气化填充装置，该装置可加热、可控温、耐压、密闭、防止吸附，能够实现液态组分完全气化、不吸附、定量转移到气瓶中，从而完成氯代烃混合气体标准样品的制备。图 3-3 展示了挥发性氯代烃混合气体标准样品的制备装置。

图 3-3　氯代烃混合气体标准样品制备装置

3.2.5　制备流程

　　针对一部分氯代烃常温下是气态的，一部分是液态的问题，本项目按照先将液体组分加入气瓶，而后加入气体组分，最后加入高纯氮气的顺序完成制备流程。

　　制备流程操作步骤为：

　　1）称量样品气瓶的质量。

　　2）通过有机物液体气化填充设备将已知质量的氯代烃液体样品充入样品气瓶中，并称量气瓶的质量。

　　3）向样品气瓶中充入氯代烃气体混合原料气，待样品瓶热平衡后，称量气瓶的质量。

　　4）向样品气瓶中充入高纯氮气至预定压力，待样品气瓶达到热平衡后，称量气瓶、氯代烃混合样品和氮气的质量。

　　5）根据气瓶中充入氯代烃和氮气的质量，计算气瓶中氯代烃气体样品的质量比和摩尔比。

　　6）将样品气瓶置于气瓶滚动设备上滚动 30 min 后，直立放置。

3.2.6　制备重复性研究

气体标准样品制备的重复性是研制单位保证量值一致性的重要条件之一。为此，采用相同的方法、同时制备 5 瓶同一浓度水平、压力为 10MPa 的气体标准样品，通过比较单位浓度仪器响应值（R）的差异性，判断气体标准样品制备过程的重复性，结果如表 3-3 所示。由表 3-3 可见，挥发性氯代烃混合气体标准样品的制备具有较好的重复性。

表 3-3　制备重复性的实验结果

组分	瓶号	浓度/（μmol/mol）					RSD/%
		17801	17770	17771	17784	2175	
氯甲烷	C	1.646	1.239	1.308	1.491	1.662	—
	A	25.56	19.36	20.43	22.96	25.57	—
	R	15.53	15.63	15.62	15.40	15.39	0.8
氯乙烯	C	1.742	1.311	1.384	1.578	1.759	—
	A	66.58	50.05	52.23	59.34	65.51	—
	R	38.22	38.18	37.74	36.98	37.25	1.5
氯乙烷	C	1.907	1.435	1.515	1.727	1.926	—
	A	68.47	50.90	53.28	59.79	66.84	—
	R	35.90	35.46	35.16	34.61	34.71	1.5
1,1-二氯乙烯	C	1.496	1.394	1.503	1.304	1.349	—
	A	53.23	49.29	53.00	45.41	47.81	—
	R	35.59	35.37	35.25	34.83	35.45	0.8
二氯甲烷	C	1.880	1.752	1.890	1.639	1.696	—
	A	28.58	26.51	28.42	24.42	25.56	—
	R	15.20	15.13	15.04	14.90	15.08	0.8
反-1,2-二氯乙烯	C	1.437	1.339	1.445	1.253	1.296	—
	A	52.17	48.22	51.72	44.49	46.48	—
	R	36.30	36.01	35.81	35.52	35.86	0.8
1,1-二氯乙烷	C	1.415	1.318	1.422	1.233	1.276	—
	A	53.14	48.99	52.46	45.34	47.11	—
	R	37.57	37.16	36.90	36.77	36.93	0.8
顺-1,2-二氯乙烯	C	1.398	1.303	1.405	1.219	1.261	—
	A	51.20	47.12	50.62	43.62	45.42	—
	R	36.62	36.17	36.02	35.79	36.02	0.8
三氯甲烷	C	1.445	1.347	1.452	1.260	1.303	—
	A	18.53	17.01	18.28	15.73	16.34	—
	R	12.82	12.64	12.58	12.49	12.54	1.0
1,1,1-三氯乙烷	C	1.397	1.302	1.404	1.218	1.260	—
	A	54.47	50.05	53.61	46.32	47.98	—
	R	38.99	38.45	38.18	38.04	38.08	1.0
四氯化碳	C	1.415	1.319	1.422	1.233	1.276	—
	A	14.83	13.49	14.44	12.48	12.95	—
	R	10.48	10.23	10.15	10.12	10.15	1.4

组分	瓶号	浓度/（μmol/mol）					RSD/%
		17801	17770	17771	17784	2175	
1,2-二氯乙烷	C	1.421	1.324	1.428	1.239	1.282	—
	A	53.85	49.33	52.97	45.73	47.46	—
	R	37.90	37.25	37.08	36.91	37.04	1.0
三氯乙烯	C	1.419	1.322	1.426	1.237	1.279	—
	A	54.66	50.27	53.88	46.54	48.24	—
	R	38.53	38.03	37.79	37.64	37.71	0.9
1,2-二氯丙烷	C	1.368	1.275	1.375	1.193	1.234	—
	A	78.74	72.11	77.19	66.75	68.91	—
	R	57.56	56.57	56.13	55.98	55.86	1.2
1,1,2-三氯乙烷	C	1.369	1.276	1.376	1.194	1.235	—
	A	52.38	47.92	51.46	44.46	46.06	—
	R	38.25	37.55	37.38	37.24	37.30	1.1
四氯乙烯	C	1.505	1.402	1.513	1.312	1.357	—
	A	63.82	58.51	62.82	54.41	56.33	—
	R	42.40	41.72	41.52	41.47	41.50	0.9
氯苯	C	1.476	1.376	1.484	1.287	1.331	—
	A	174.9	159.6	171.7	148.5	154.0	—
	R	118.4	116.0	115.7	115.4	115.7	1.0
1,1,1,2-四氯乙烷	C	1.373	1.279	1.380	1.197	1.238	—
	A	52.06	47.61	51.03	44.03	45.58	—
	R	37.92	37.22	36.98	36.79	36.81	1.2
1,1,2,2-四氯乙烷	C	1.465	1.365	1.472	1.277	1.321	—
	A	58.82	53.32	57.22	49.77	51.58	—
	R	40.16	39.07	38.87	38.98	39.05	1.3
间二氯苯	C	1.373	1.280	1.380	1.197	1.238	—
	A	156.4	142.8	153.7	135.2	140.6	—
	R	113.9	111.6	111.3	113.0	113.5	1.0
对二氯苯	C	1.485	1.383	1.492	1.294	1.339	—
	A	168.4	154.5	166.3	146.9	152.8	—
	R	113.4	111.7	111.4	113.5	114.1	1.1
邻二氯苯	C	1.455	1.356	1.462	1.268	1.312	—
	A	169.5	154.3	165.7	146.0	151.8	—
	R	116.5	113.8	113.3	115.1	115.7	1.1

C：氯代烃混合气体标准样品中各组分的配制值；A：色谱法测定氯代烃混合气体标准样品中各组分的响应值；R=A/C；RSD：表示 R 值的相对标准偏差。

17801，17770，17771，17784，2175 为瓶号。

3.3 氯代烃混合气体标准样品制备的线性研究

由于氯苯、二氯苯等氯代烃化合物沸点较高，挥发性氯代烃混合气体标准样品中的氯代烃化合物在气瓶内是否完全气化，是否会发生冷凝现象是重点研究的问题之一。为了考察氯代烃在气瓶内是否发生冷凝，考察了氮气中氯代烃混合气体标准样品制备的线性关系，考察的浓度范围为 1～10 μmol/mol。实验方法如下：首先制备一组不同浓度水平氮气中的氯代烃混合气体标准样品，然后测定样品的响应值，计算求得各组分的线性相关系数。结果显示研究制备的氯代烃在 1～10 μmol/mol 浓度范围线性关系良好，说明该浓度范围内氯代烃在气瓶中可完全气化。结果如表 3-4 所示。

表 3-4 氯代烃气体的线性研究结果

组分	线性方程	R^2
氯甲烷	$y=16.77x-0.129\ 2$	1.000 0
氯乙烯	$y=38.30x+0.439\ 5$	0.999 9
氯乙烷	$y=36.24x+0.322\ 2$	0.999 9
1,1-二氯乙烯	$y=35.86x+0.766\ 5$	0.999 1
二氯甲烷	$y=15.28x+0.671\ 2$	0.999 5
反-1,2-二氯乙烯	$y=36.49x+0.884\ 7$	0.999 6
1,1-二氯乙烷	$y=37.89x+0.675\ 3$	0.999 6
顺-1,2-二氯乙烯	$y=37.01x+0.567\ 4$	0.999 7
三氯甲烷	$y=12.94x+0.132\ 3$	0.999 6
1,1,1-三氯乙烷	$y=39.43x+0.381\ 0$	0.999 7
四氯化碳	$y=10.30x+0.129\ 7$	0.999 6
1,2-二氯乙烷	$y=38.24x+0.502\ 9$	0.999 8
三氯乙烯	$y=38.85x+0.839\ 2$	0.999 9
1,2-二氯丙烷	$y=58.06x+0.700\ 3$	0.999 9
1,1,2-三氯乙烷	$y=38.38x+1.178$	0.999 9
四氯乙烯	$y=43.11x+0.405\ 8$	0.999 9
氯苯	$y=118.7x+4.261$	0.999 9
1,1,1,2-四氯乙烷	$y=38.46x+0.779\ 7$	0.999 9
1,1,2,2-四氯乙烷	$y=39.27x+3.884$	0.999 8
间二氯苯	$y=109.7x+13.50$	0.999 9
对二氯苯	$y=108.5x+16.10$	0.999 9
邻二氯苯	$y=110.4x+18.74$	0.999 8

第4章　气瓶筛选技术研究

气瓶内壁的光洁度、钝化处理的适用性将直接关系到气体标准样品的量值准确性。大部分氯代烃类常温下是液态的，22 种氯代烃沸点在–28℃到 180℃之间，部分氯代烃化学性质较活泼，分子量较大，密度较大，有可能在气瓶的内壁产生吸附解吸作用，从而造成氯代烃混合气体标准样品量值不准确的现象。经调研国外挥发性有机物气体标准样品制备用气瓶的现状，显示国外挥发性有机物气体标准样品制备所使用的气瓶为涂层气瓶。结合上述情况，开展了挥发性氯代烃气体标准样品制备用气瓶筛选技术研究。

4.1　气瓶概述

普通铝合金无缝气瓶通常采用 6061 铝合金材料，经过冲压、拉伸、热处理、数控旋压收口、内表面阳极氧化处理等工序加工制作而成，瓶体内外表面应光滑，不得有肉眼可见的折叠、夹杂、裂纹、直道、凹坑、麻点、起皮等影响强度的缺陷。气瓶公称工作压力为 15MPa，水压试验压力为 22.5MPa，气瓶容积为 2L、4L、8L 等，可根据填充气体的种类选择不同的化学钝化和涂层处理方法。适用于重复充装各种稀有气体、高纯气体、气体标准样品、特种气体等。

图 4-1　国产气瓶示例

4.2　气瓶吸附评价方法

挥发性氯代烃混合气体标准样品气瓶筛选的实验方法如下所示：制备 10MPa 的氮气中氯代烃混合气体标准样品，放置 48 h，经比对配制值和测定值一致，将充有 10MPa 的氮气中氯代烃混合气体标准样品（母瓶）转入经处理的气瓶（子瓶）至两瓶压力相等，放置 48 h 后以气相色谱测定各自的响应值，比较母瓶和子瓶的测定响应值的相对偏差。

　　对于母瓶和子瓶测定响应值的相对偏差与分析方法的相对标准偏差没有明显差异的，放置一个月后重复测定，再次比较放置后母瓶和子瓶的测定响应值的相对偏差是否变化，如果气瓶转移测定相对偏差与分析方法的相对标准偏差没有明显差异，则认为气瓶内壁对组分的吸附可以忽略不计，否则认为气瓶内壁对组分有吸附解吸作用。

　　相对偏差：

$$E（\%）=（A_1-A_0）/A_0$$

式中，A_0——母瓶中氯代烃的测定响应值；

　　　A_1——子瓶中氯代烃的测定响应值。

图 4-2　气瓶吸附实验方法

4.3　气瓶评价结果的判定

　　目前国外对于制备氯代烃混合气体标准样品采用的是进口涂层气瓶，挥发性氯代烃气瓶筛选研究选择了进口涂层气瓶（A）、国产涂层气瓶（B）、国产普通气瓶（C）三类气瓶进行了氯代烃气体在气瓶内壁的吸附作用研究。

4.3.1　进口涂层气瓶

　　依照上述方法考察了进口涂层气瓶内壁对氯代烃混合气体标准样品的吸附解吸作用。表 4-1 列出了进口气瓶转移实验的基本信息。表 4-2～表 4-4 列出了进口涂层气瓶转移实验结果，图 4-3 直观地显示了进口涂层气瓶转移实验相对偏差的分布情况。

表 4-1　进口涂层气瓶转移实验基本信息

序号	母瓶		子瓶	
	瓶号	气瓶种类	瓶号	气瓶种类
1#	17800	A	17884	A
2#	17801	A	17823	A
3#	17828	A	17805	A
4#	17808	A	17885	A

表 4-2 进口涂层气瓶转移实验结果汇总

组分	相对偏差/%			
	1#	2#	3#	4#
氯甲烷	−0.7	−0.1	0.4	0.5
氯乙烯	0.1	−0.6	0.6	−0.2
氯乙烷	−0.1	−0.5	0.7	0.0
1,1-二氯乙烯	0.0	−0.5	0.6	0.1
二氯甲烷	−0.3	−0.4	0.8	0.1
反-1,2-二氯乙烯	−0.2	−0.2	0.8	0.1
1,1-二氯乙烷	0.0	−0.4	0.8	0.1
顺-1,2-二氯乙烯	−0.2	−0.2	0.8	0.0
三氯甲烷	−0.1	−0.4	0.7	−0.1
1,1,1-三氯乙烷	−0.1	−0.5	0.7	0.1
四氯化碳	0.2	−0.6	0.7	0.0
1,2-二氯乙烷	0.0	−0.3	0.7	0.2
三氯乙烯	0.0	−0.2	0.8	0.1
1,2-二氯丙烷	−0.1	−0.4	0.6	0.1
1,1,2-三氯乙烷	−0.1	−0.1	0.5	0.2
四氯乙烯	−0.2	−0.2	0.9	0.1
氯苯	0.1	0.0	0.7	0.2
1,1,1,2-四氯乙烷	−0.2	−0.3	0.5	0.2
1,1,2,2-四氯乙烷	0.3	−0.3	−0.6	0.6
间二氯苯	0.4	0.4	0.3	0.7
对二氯苯	0.5	0.6	0.6	0.7
邻二氯苯	0.5	0.2	−0.4	1.0

表 4-3 实验 2# 随时间变化的结果

组分	E（2）/%	E（30）/%
氯甲烷	−0.1	−0.2
氯乙烯	−0.6	−0.3
氯乙烷	−0.5	−0.2
1,1-二氯乙烯	−0.5	−0.1
二氯甲烷	−0.4	−0.3
反-1,2-二氯乙烯	−0.2	−0.1
1,1-二氯乙烷	−0.4	−0.3
顺-1,2-二氯乙烯	−0.2	−0.2
三氯甲烷	−0.4	−0.2
1,1,1-三氯乙烷	−0.5	−0.3
四氯化碳	−0.6	−0.3
1,2-二氯乙烷	−0.3	−0.4
三氯乙烯	−0.2	0.0
1,2-二氯丙烷	−0.4	−0.3
1,1,2-三氯乙烷	−0.1	−0.3
四氯乙烯	−0.2	0.0
氯苯	0.0	−0.1
1,1,1,2-四氯乙烷	−0.3	−0.4
1,1,2,2-四氯乙烷	−0.3	−0.9
间二氯苯	0.4	−0.1
对二氯苯	0.6	0.1
邻二氯苯	0.2	−0.5

注：E（2）为放置 2 d 的变化；E（30）为放置 30 d 的变化。

表 4-4　实验 4# 随时间变化的结果

组分	E（2）/%	E（30）/%
氯甲烷	0.5	0.6
氯乙烯	−0.2	−0.2
氯乙烷	0.0	−0.1
1,1-二氯乙烯	0.1	0.2
二氯甲烷	0.1	0.1
反-1,2-二氯乙烯	0.1	0.1
1,1-二氯乙烷	0.1	0.1
顺-1,2-二氯乙烯	0.0	0.2
三氯甲烷	−0.1	0.2
1,1,1-三氯乙烷	0.1	0.1
四氯化碳	0.0	0.0
1,2-二氯乙烷	0.2	0.2
三氯乙烯	0.1	0.1
1,2-二氯丙烷	0.1	0.1
1,1,2-三氯乙烷	0.2	0.2
四氯乙烯	0.1	0.1
氯苯	0.2	0.2
1,1,1,2-四氯乙烷	0.2	0.1
1,1,2,2-四氯乙烷	0.6	0.4
间二氯苯	0.7	0.4
对二氯苯	0.7	0.5
邻二氯苯	1.0	0.6

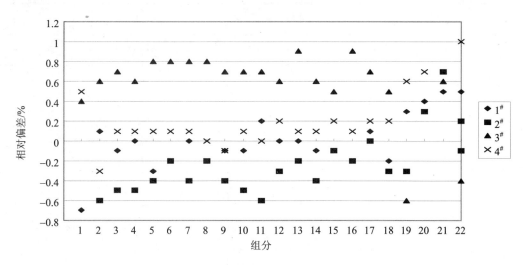

图 4-3　四组进口涂层气瓶转移实验的相对偏差的分布

注：横坐标：组分

1. 氯甲烷；2. 氯乙烯；3. 氯乙烷；4. 1,1-二氯乙烯；5. 二氯甲烷；6. 反-1,2-二氯乙烯；7. 1,1-二氯乙烷；
8. 顺-1,2-二氯乙烯；9. 三氯甲烷；10. 1,1,1-三氯乙烷；11. 四氯化碳；12. 1,2-二氯乙烷；13. 三氯乙烯；
14. 1,2-二氯丙烷；15. 1,1,2-三氯乙烷；16. 四氯乙烯；17. 氯苯；18. 1,1,1,2-四氯乙烷；19. 1,1,2,2-四氯乙烷；20. 间二氯苯；21. 对二氯苯；22. 邻二氯苯

纵坐标：母瓶和子瓶间的测定相对标准偏差

4.3.2 国产涂层瓶的考察实验

采用同样的方法对氯代烃在国产涂层气瓶内壁是否存在吸附解吸作用进行了考察。表 4-5 列出了五组国产涂层气瓶转移实验的基本信息。表 4-6 和表 4-7 分别列出了氯代烃气体转移到国产涂层气瓶 2 d 和 30 d 后母瓶和子瓶间测定响应值的相对偏差。图 4-4、图 4-5 分别显示了氯代烃气体转移到国产涂层气瓶 2 d 和 30 d 后母瓶和子瓶间测定响应值的相对偏差的分布情况。

表 4-5 国产涂层气瓶转移实验基本信息

序号	母瓶		子瓶	
	瓶号	气瓶种类	瓶号	气瓶种类
1#	17808	A	115147	B
2#	17784	A	115153	B
3#	17801	A	115198	B
4#	115444	B	195	B
5#	17800	A	115154	B

表 4-6 国产涂层气瓶转移实验结果汇总（放置 2 d）

组分	响应值相对偏差/%				
	1#	2#	3#	4#	5#
氯甲烷	0.5	1.0	−0.9	−0.6	0.7
氯乙烯	0.0	0.5	0.0	0.6	−0.5
氯乙烷	0.1	0.1	−0.9	0.5	0.0
1,1-二氯乙烯	0.1	−0.7	0.2	0.3	0.3
二氯甲烷	0.1	0.2	−0.5	0.2	−0.2
反-1,2-二氯乙烯	0.0	1.1	−0.6	0.4	−0.3
1,1-二氯乙烷	0.2	0.2	0.3	0.2	0.0
顺-1,2-二氯乙烯	0.1	0.1	−0.6	−0.3	−0.2
三氯甲烷	0.3	−1.6	0.7	−1.4	−0.1
1,1,1-三氯乙烷	0.3	−1.3	0.5	−0.1	−0.1
四氯化碳	0.3	−1.3	1.7	−0.2	−0.2
1,2-二氯乙烷	0.2	−0.1	−0.7	0.6	−0.3
三氯乙烯	0.3	−0.2	−0.3	0.3	−0.2
1,2-二氯丙烷	0.3	−0.2	0.0	0.2	−0.2
1,1,2-三氯乙烷	0.3	0.4	−0.1	0.2	−0.2
四氯乙烯	0.4	−0.1	0.2	0.1	−0.1
氯苯	0.4	−0.6	−0.5	0.4	−0.1
1,1,1,2-四氯乙烷	0.3	−0.3	−0.6	0.0	−0.2
1,1,2,2-四氯乙烷	0.1	−1.0	−0.9	−0.1	−0.5
间二氯苯	1.0	−1.2	−0.5	0.1	−0.3
对二氯苯	1.0	−1.5	−0.3	0.0	−0.1
邻二氯苯	0.9	−1.4	−0.3	−0.1	−0.3

表 4-7　国产涂层气瓶转移实验结果汇总（放置 30 d）

组分	响应值相对偏差/%			
	2#	3#	4#	5#
氯甲烷	0.2	−0.2	−1.5	0.6
氯乙烯	−0.3	0.3	−0.9	−1.7
氯乙烷	0.0	0.5	−1.3	−1.2
1,1-二氯乙烯	−0.1	0.2	−1.1	−1.1
二氯甲烷	−0.5	−0.1	−0.6	−1.3
反-1,2-二氯乙烯	−0.5	−0.2	−0.6	−0.9
1,1-二氯乙烷	−0.1	0.3	−1.1	−1.2
顺-1,2-二氯乙烯	−0.3	−0.3	−1.2	−0.9
三氯甲烷	−0.4	0.0	−0.9	−0.9
1,1,1-三氯乙烷	−0.2	0.1	−1.1	−1.1
四氯化碳	−0.5	−0.7	−0.4	−0.2
1,2-二氯乙烷	−0.6	−0.6	−0.9	−1.1
三氯乙烯	−0.2	−0.2	−0.8	−0.9
1,2-二氯丙烷	−0.2	0.1	−1.1	−1.2
1,1,2-三氯乙烷	−0.4	−0.1	−1.2	−1.0
四氯乙烯	−0.2	0.0	−0.7	−0.8
氯苯	−0.3	−0.4	−0.7	−0.5
1,1,1,2-四氯乙烷	−0.3	−0.2	−1.3	−1.1
1,1,2,2-四氯乙烷	−0.8	−0.8	−0.4	−1.4
间二氯苯	−0.4	−1.1	−0.4	0.1
对二氯苯	−0.4	−1.3	0.1	0.6
邻二氯苯	−0.6	−1.1	−1.0	−0.2

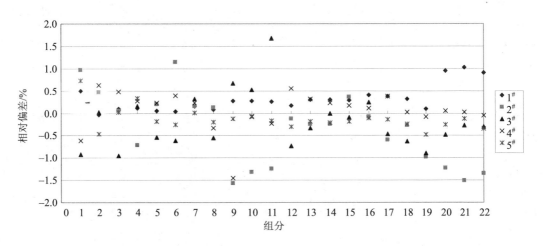

图 4-4　五组氯代烃混合气体标准样品在母瓶和国产涂层子瓶间转移时的偏差（放置 2 d）

注：横坐标：组分
1. 氯甲烷；2. 氯乙烯；3. 氯乙烷；4.1,1-二氯乙烯；5. 二氯甲烷；6. 反-1,2-二氯乙烯；7.1,1-二氯乙烷；
8. 顺-1,2-二氯乙烯；9. 三氯甲烷；10. 1,1,1-三氯乙烷；11. 四氯化碳；12. 1,2-二氯乙烷；13. 三氯乙烯；14. 1,2-二氯丙烷；15. 1,1,2-三氯乙烷；16. 四氯乙烯；17. 氯苯；18. 1,1,1,2-四氯乙烷；19. 1,1,2,2-四氯乙烷；20. 间二氯苯；21. 对二氯苯；22. 邻二氯苯
纵坐标：母瓶和子瓶间的测定相对标准偏差

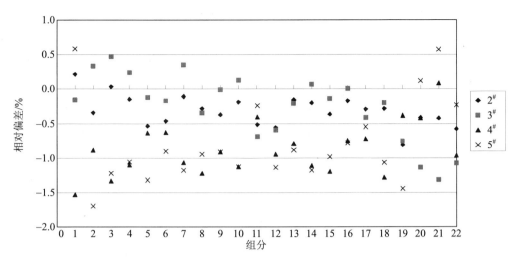

图 4-5 氯代烃混合气体标准样品在母瓶和国产涂层子瓶间转移时的偏差（放置 30 d）

注：横坐标：组分

1. 氯甲烷；2. 氯乙烯；3. 氯乙烷；4. 1,1-二氯乙烯；5. 二氯甲烷；6. 反-1,2-二氯乙烯；7. 1,1-二氯乙烷；8. 顺-1,2-二氯乙烯；9. 三氯甲烷；10. 1,1,1-三氯乙烷；11. 四氯化碳；12. 1,2-二氯乙烷；13. 三氯乙烯；14. 1,2-二氯丙烷；15. 1,1,2-三氯乙烷；16. 四氯乙烯；17. 氯苯；18. 1,1,1,2-四氯乙烷；19. 1,1,2,2-四氯乙烷；20. 间二氯苯；21. 对二氯苯；22. 邻二氯苯

纵坐标：母瓶和子瓶间的测定相对标准偏差

从图 4-4 和表 4-6 的结果显示的母瓶和子瓶间响应值的偏差与分析方法的不确定度有可比性，图 4-5 和表 4-7 的结果显示放置一个月后母瓶和子瓶响应值的偏差 $E(30)$ 相比放置两天的结果 $E(2)$ 没有明显变化，说明这些化合物在气瓶之间转移时不损失，因而国产涂层气瓶内壁对组分的吸附解吸作用可以忽略不计，可以用作制备挥发性氯代烃混合气体标准样品。

4.3.3 国产普通气瓶

考察国产气瓶内壁对氯代烃混合气体标准样品的吸附解吸作用。表 4-8 中列出了国产气瓶转移实验的基本信息。表 4-9 列出了国产气瓶转移实验结果，图 4-6 直观地显示了国产气瓶转移实验的相对偏差的分布情况。

表 4-8 国产普通气瓶转移实验基本信息

序号	母瓶		子瓶	
	瓶号	气瓶种类	瓶号	气瓶种类
1#	17801	A	4918022	C
2#	17784	A	4918006	C
3#	17800	A	3153	C
4#	17823	A	3116	C
5#	195	B	4918005	C
6#	4106	B	4918010	C
7#	61301007	B	4917146	C
8#	17784	A	4918005	C
9#	17816	A	2082	C

表 4-9　国产普通气瓶转移实验结果汇总

组分	相对偏差/%								
	1#	2#	3#	4#	5#	6#	7#	8#	9#
氯甲烷	−1.2	−0.8	−0.6	0.0	0.8	0.3	−0.5	0.1	−0.7
氯乙烯	−0.7	−1.6	−0.7	0.1	0.7	−1.7	−0.4	1.1	−0.3
氯乙烷	−1.1	−1.5	−0.8	0.3	−0.1	−1.2	−0.4	0.7	−0.2
1,1-二氯乙烯	−0.5	−1.2	−0.7	−0.3	0.1	−1.3	−0.4	0.9	−0.5
二氯甲烷	−0.7	−1.0	−0.4	−0.2	0.9	−1.5	−0.2	0.8	−0.4
反-1,2-二氯乙烯	−0.7	−0.9	−0.4	0.0	1.0	−1.8	−0.1	0.8	−0.4
1,1-二氯乙烷	−0.9	−1.3	−0.7	−0.1	−0.2	−1.3	−0.4	0.5	−0.5
顺-1,2-二氯乙烯	−0.8	−1.0	−0.4	−0.2	0.2	−1.3	−0.3	0.7	−0.3
三氯甲烷	−0.9	−1.2	−0.5	−0.2	2.4	−1.1	−0.4	0.6	−0.2
1,1,1-三氯乙烷	−0.9	−1.5	−0.7	−0.3	1.1	−1.2	−0.6	0.5	−0.3
四氯化碳	−1.0	−1.6	−1.0	−1.3	1.3	−1.7	−1.2	0.3	−0.3
1,2-二氯乙烷	−1.0	−1.8	−0.5	−0.5	−0.6	−1.8	−0.1	0.4	−0.3
三氯乙烯	−0.4	0.1	−0.1	−0.2	2.0	1.1	0.0	1.2	−0.3
1,2-二氯丙烷	−1.3	−2.7	−0.6	−0.3	−0.2	−2.0	−0.5	−0.3	−0.4
1,1,2-三氯乙烷	−1.9	−3.5	−0.7	−0.3	−2.1	−3.3	−0.4	−1.0	−0.4
四氯乙烯	−1.0	−1.3	−0.4	−0.5	0.0	−1.2	−0.2	0.4	−0.2
氯苯	−1.7	−3.4	−0.3	−0.6	−2.0	−3.4	−0.3	−1.0	−0.3
1,1,1,2-四氯乙烷	−2.1	−4.1	−0.8	−0.6	−2.3	−3.3	−0.9	−1.5	−0.4
1,1,2,2-四氯乙烷	−6.2	−13.7	−2.0	−0.5	−11.2	−14.3	−2.0	−7.3	−0.6
间二氯苯	−3.2	−9.7	1.4	−0.9	−7.2	−9.7	0.4	−5.3	0.2
对二氯苯	−3.0	−10.0	2.0	−0.7	−7.7	−10.2	0.6	−5.1	0.5
邻二氯苯	−4.8	−14.1	0.9	−1.3	−9.7	−12.7	−0.4	−6.7	0.0

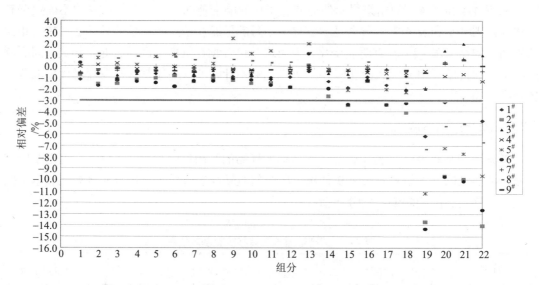

图 4-6　九组氯代烃混合气体标准样品在母瓶和国产普通子瓶间转移实验结果（放置 2 d）

注：横坐标：组分
1. 氯甲烷；2. 氯乙烯；3. 氯乙烷；4. 1,1-二氯乙烯；5. 二氯甲烷；6. 反-1,2-二氯乙烯；7. 1,1-二氯乙烷；
8. 顺-1,2-二氯乙烯；9. 三氯甲烷；10. 1,1,1-三氯乙烷；11. 四氯化碳；12. 1,2-二氯乙烷；13. 三氯乙烯；
14. 1,2-二氯丙烷；15. 1,1,2-三氯乙烷；16. 四氯乙烯；17. 氯苯；18. 1,1,1,2-四氯乙烷；19. 1,1,2,2-四氯乙
烷；20. 间二氯苯；21. 对二氯苯；22. 邻二氯苯
纵坐标：母瓶和子瓶间的测定相对标准偏差

从结果中可以看出，氯代烃混合气体标准样品转移到国产普通气瓶中，放置 2 天后母瓶与子瓶中组分 1～13 测定响应值的相对偏差均小于 2%，组分 14～18 的相对偏差分散在 0%～5%，组分 19～22 的相对偏差则分散在 0%～16%。其中实验 3#、4#、7#、9#的相对偏差不大于 2%，因此将实验 3#、4#、7#、9#的母瓶和子瓶放置一段时间后再次测定来考察偏差是否随着时间变化。

表 4-10 实验 3#随时间变化的结果

组分	$E(2)$ /%	$E(30)$ /%
氯甲烷	−0.6	0.2
氯乙烯	−0.7	0.0
氯乙烷	−0.8	−0.1
1,1-二氯乙烯	−0.7	0.1
二氯甲烷	−0.4	0.3
反-1,2-二氯乙烯	−0.4	0.0
1,1-二氯乙烷	−0.7	−0.1
顺-1,2-二氯乙烯	−0.4	−0.4
三氯甲烷	−0.5	−0.3
1,1,1-三氯乙烷	−0.7	−0.2
四氯化碳	−1.0	−0.2
1,2-二氯乙烷	−0.5	−0.2
三氯乙烯	−0.1	2.5
1,2-二氯丙烷	−0.6	−0.4
1,1,2-三氯乙烷	−0.7	−0.7
四氯乙烯	−0.4	−0.1
氯苯	−0.3	−0.8
1,1,1,2-四氯乙烷	−0.8	−0.9
1,1,2,2-四氯乙烷	−2.0	−6.0
间二氯苯	1.4	−2.2
对二氯苯	2.0	−2.2
邻二氯苯	0.9	−3.1

表 4-11   实验 4#随时间变化的结果

组分	$E(2)$ /%	$E(10)$ /%	$E(50)$ /%
氯甲烷	0.0	−0.7	1.3
氯乙烯	0.1	−0.2	0.7
氯乙烷	0.3	−0.4	0.8
1,1-二氯乙烯	−0.3	−0.3	0.9
二氯甲烷	−0.2	−0.1	0.8
反-1,2-二氯乙烯	0.0	−0.1	0.8
1,1-二氯乙烷	−0.1	−0.4	0.8
顺-1,2-二氯乙烯	−0.2	−0.3	0.7
三氯甲烷	−0.2	−0.2	0.9
1,1,1-三氯乙烷	−0.3	−0.4	0.8
四氯化碳	−1.3	−0.9	1.0
1,2-二氯乙烷	−0.5	−0.4	0.8
三氯乙烯	−0.2	−0.2	0.7
1,2-二氯丙烷	−0.3	−0.2	0.7
1,1,2-三氯乙烷	−0.3	−0.2	0.9
四氯乙烯	−0.5	−0.3	0.5
氯苯	−0.6	−0.5	0.8
1,1,1,2-四氯乙烷	−0.6	−0.4	0.6
1,1,2,2-四氯乙烷	−0.5	−0.6	0.8
间二氯苯	−0.9	−0.2	0.7
对二氯苯	−0.7	0.1	0.7
邻二氯苯	−1.3	−0.2	0.8

表 4-12   实验 7#随时间变化的结果

组分	$E(2)$ /%	$E(30)$ /%
氯甲烷	−0.5	−0.1
氯乙烯	−0.4	1.1
氯乙烷	−0.4	1.0
1,1-二氯乙烯	−0.4	0.7
二氯甲烷	−0.2	0.6
反-1,2-二氯乙烯	−0.1	0.9
1,1-二氯乙烷	−0.4	0.4
顺-1,2-二氯乙烯	−0.3	0.5
三氯甲烷	−0.4	0.6
1,1,1-三氯乙烷	−0.6	0.5
四氯化碳	−1.2	0.0
1,2-二氯乙烷	−0.1	1.1
三氯乙烯	0.0	1.9
1,2-二氯丙烷	−0.5	0.4
1,1,2-三氯乙烷	−0.4	0.5
四氯乙烯	−0.2	0.7
氯苯	−0.3	0.5
1,1,1,2-四氯乙烷	−0.9	0.3
1,1,2,2-四氯乙烷	−2.0	−1.8
间二氯苯	0.4	0.2
对二氯苯	0.6	0.2
邻二氯苯	−0.4	−0.7

表 4-13 实验 9# 随时间变化的结果

组分	$E(2)$ /%	$E(30)$ /%
氯甲烷	−0.7	0.5
氯乙烯	−0.3	−1.5
氯乙烷	−0.2	−1.0
1,1-二氯乙烯	−0.5	−1.0
二氯甲烷	−0.4	−0.7
反-1,2-二氯乙烯	−0.4	−0.8
1,1-二氯乙烷	−0.5	−1.0
顺-1,2-二氯乙烯	−0.3	−0.8
三氯甲烷	−0.2	−0.7
1,1,1-三氯乙烷	−0.3	−0.9
四氯化碳	−0.3	−0.9
1,2-二氯乙烷	−0.3	−0.7
三氯乙烯	−0.3	−0.7
1,2-二氯丙烷	−0.4	−1.0
1,1,2-三氯乙烷	−0.4	−0.8
四氯乙烯	−0.2	−0.7
氯苯	−0.3	−0.7
1,1,1,2-四氯乙烷	−0.4	−1.1
1,1,2,2-四氯乙烷	−0.6	−1.2
间二氯苯	0.2	0.3
对二氯苯	0.5	0.8
邻二氯苯	0.0	−0.1

　　本研究考察了实验 3#、4#、7#、9# 母瓶与子瓶间响应值的相对偏差随着时间变化的情况，表 4-10～表 4-13 列出了实验 3#、4#、7#、9# 母瓶与子瓶间响应值的相对偏差随着时间变化的结果，结果显示实验 3# 放置 30 d 后结果有明显变化，最大的相对偏差由−2%增至−6.0%，实验 4#、7#、9# 放置 30 d 后结果变化不大。总体来看，挥发性氯代烃混合气体标准样品转移到国产普通气瓶后测定响应值的相对偏差较为分散。九个实验的结果不一致，说明气瓶质量参差不齐，将影响样品制备的一致性。因此为了保证气体标准样品的量值准确并稳定，本研究不采用国产普通气瓶制备氯代烃混合气体标准样品。

　　综上所述，本研究进口涂层气瓶、国产普通气瓶、国产涂层气瓶制备 22 种挥发性氯代烃混合气体标准样品的适用性进行了考察。从气瓶筛选结果来看，普通气瓶可以用来制备分子量较小、沸点较低的挥发性氯代烃混合气体标准样品（组分 1～14），而对于分子量较大，沸点较高的组分，特别是 1,1,2,2-四氯乙烷、间二氯苯、对二氯苯、邻二氯苯气体标准样品则需要使用国产或进口涂层气瓶来制备。研究证明国产涂层气瓶可以满足制备浓度水平为 1μmol/mol 的 22 种挥发性氯代烃混合气体标准样品的要求，解决了使用进口气瓶价格昂贵、订货周期长和气瓶售后服务滞后等问题，将大大降低挥发性氯代烃混合气体标准样品的制备成本。

第 5 章　均匀性研究

标准样品的均匀性是描述样品特性空间分布特征的参数。由于气体标准样品是逐瓶独立制备完成的，每瓶气体标准样品即为单一批次标准样品，因此不能考察气体标准样品的瓶间均匀性。然而氯代烃在气瓶内是否出现分层，在使用过程中随着压力的变化量值不稳定是值得研究的问题，因此本章探讨了气体标准样品瓶内均匀性的研究方法以及挥发性氯代烃混合气体标准样品的评价结果。

5.1　瓶内均匀性评价方法概述

根据 GB/T 15000.3—2008 中标准样品均匀性研究中的要求：均匀性检验时宜采用重复性标准偏差小并具有足够灵敏度的分析方法对样品的特性量值进行测量。本研究的瓶内均匀性研究所使用的分析方法为 GC-FID 法。

瓶内均匀性检验实验方法如下：将充填有 10MPa 以上的氮气中氯代烃混合气体标准样品，通过减压阀以 10MPa、8MPa、6MPa、4MPa、2MPa、1MPa 压力值放气，在每个压力值时，重复测量 3 次气体标准样品的量值，得到下列数据：

$$x_{11}, \quad x_{12}, \quad x_{13}, \quad 均值 \overline{X_1};$$

$$x_{21}, \quad x_{22}, \quad x_{23}, \quad 均值 \overline{X_2};$$

$$\cdots\cdots;$$

$$x_{m1}, \quad x_{m2}, \quad x_{m3}, \quad 均值 \overline{X_m}。$$

气体标准样品瓶内均匀性的评定方法参照瓶间均匀性评定的单因素方差分析方法，对均匀性检验得到的实验数据采用下述公式进行计算，结果见表 5-1。

总均值：
$$\overline{\overline{X}} = \frac{\sum_{i=1}^{m} \overline{X_i}}{m}$$

总测定次数：
$$N = \sum_{i=1}^{m} n_i$$

不同压力值测量结果的平方和：
$$Q_{间} = \sum_{j=1}^{m} \sum_{i=1}^{n} (X_{ij} - \overline{X_j})^2$$

同一压力值重复测量结果的平方和：$Q_{内} = n \cdot \sum_{j=1}^{m} (\overline{X}_j - \overline{\overline{X}})^2$

不同压力值测量的自由度：$v_{间} = m - 1$

同一压力值重复测量结果的自由度：$v_{内} = N - m$

不同压力值测量结果的均方：$MS_{间} = Q_{间} / v_{间}$

同一压力值重复测量结果的均方：$MS_{内} = Q_{内} / v_{内}$

不均匀引起的不确定度：$u_{bb} = \sqrt{\dfrac{MS_{间} - MS_{内}}{n}}$

式中，m——均匀性检验次数；

n——同一压力值时的检验次数。

通过不均匀引起的不确定度与测定不确定度、样品的预期不确定度作比较来评价样品的瓶内均匀性。u_{bb} 小于等于测定不确定度时说明样品是均匀的；u_{bb} 大于测定不确定度，但小于样品的预期不确定度时说明样品是基本均匀，需要将 u_{bb} 计入样品不确定度；u_{bb} 大于样品的预期不确定度时说明样品是不均匀的。

5.2 挥发性氯代烃混合气体标准样品的瓶内均匀性结果评定

本研究开展了六组氯代烃混合气体标准样品瓶内均匀性实验，附件中分别列出了在不同使用压力下氯代烃混合气体标准样品的瓶内均匀性结果。附件 3 列出了不同压力下氯代烃混合气体标准样品的测定结果，表 5-1 列出了最低使用压力分别为 1MPa 和 2MPa 时氯代烃混合气体标准样品的瓶内均匀性计算结果。

从评价结果来看，六组实验趋势一致，气体压力在从 2MPa 到 1MPa，除 1,1,2,2-四氯乙烷、间二氯苯、对二氯苯、邻二氯苯外其他组分的瓶内不均匀性引起的不确定度与测定不确定度的大小接近，说明在使用压力从 2MPa 变化到 1MPa 时除 1,1,2,2-四氯乙烷、间二氯苯、对二氯苯、邻二氯苯外其他组分是均匀的，样品使用过程中量值是稳定的。

然而，1,1,2,2-四氯乙烷、间二氯苯、对二氯苯、邻二氯苯在瓶内均匀性实验使用压力从 2MPa 变化到 1MPa 中，在 1MPa 时测定结果出现明显增大，其瓶内不均匀性引起的不确定度小于样品的预期不确定度，但是显著大于测定不确定度，将大大增大样品标准值的不确定度。从表 5-1 到表 5-6 可以看出，在使用压力从 1MPa 变化到 2MPa 时所有组分的瓶内不均匀性引起的不确定度与测定不确定度大小接近，说明样品在气瓶内均匀性良好。

从评价结果来看随着使用压力的降低，不同挥发性氯代烃混合气体标准样品的量值变化不同，1,1,2,2-四氯乙烷、间二氯苯、对二氯苯、邻二氯苯四个组分在使用压力低于 2MPa 以后，量值略有增大，从而引起量值的不确定度随之变大；其他组分在使用压力从 2MPa 变化到 1MPa 时量值没有明显变化，但是为了保证 22 种挥发性氯代烃混合气体标准样品的所有组分在使用压力范围内量值准确，本气体标准样品的最低使用压力为 2MPa。

表 5-1　不同压力氯代烃混合气体标准样品均匀性结果汇总

（瓶号：0115123#）

组分	u_{bb} （最低压力至 1MPa）	u_{bb} （最低压力至 2MPa）
氯甲烷	0.40	0.45
氯乙烯	0.53	0.58
氯乙烷	0.76	0.77
1,1-二氯乙烯	0.64	0.65
二氯甲烷	0.63	0.62
反-1,2-二氯乙烯	0.70	0.64
1,1-二氯乙烷	0.61	0.62
顺-1,2-二氯乙烯	0.73	0.49
三氯甲烷	0.58	0.47
1,1,1-三氯乙烷	0.56	0.57
四氯化碳	0.28	0.37
1,2-二氯乙烷	0.59	0.49
三氯乙烯	0.72	0.39
1,2-二氯丙烷	0.67	0.56
1,1,2-三氯乙烷	0.87	0.42
四氯乙烯	0.67	0.27
氯苯	1.2	0.4
1,1,1,2-四氯乙烷	0.82	0.57
1,1,2,2-四氯乙烷	2.2	0.90
间二氯苯	3.1	1.1
对二氯苯	3.6	1.3
邻二氯苯	3.4	1.2

表 5-2　不同压力氯代烃混合气体标准样品均匀性结果汇总　　（瓶号：0115121#）

组分	u_{bb}（最低压力至 1MPa）	u_{bb}（最低压力至 2MPa）
氯甲烷	0.43	0.47
氯乙烯	0.35	0.36
氯乙烷	0.17	0
1,1-二氯乙烯	0.36	0.17
二氯甲烷	0.08	0
反-1,2-二氯乙烯	0.41	0.20
1,1-二氯乙烷	0.24	0.12
顺-1,2-二氯乙烯	0.43	0.17
三氯甲烷	0.29	0.18
1,1,1-三氯乙烷	0.20	0.17
四氯化碳	0.04	0
1,2-二氯乙烷	0.42	0.25
三氯乙烯	0.50	0.19
1,2-二氯丙烷	0.29	0
1,1,2-三氯乙烷	0.66	0.31
四氯乙烯	0.50	0.16
氯苯	1.0	0.41
1,1,1,2-四氯乙烷	0.57	0.17
1,1,2,2-四氯乙烷	1.9	0.73
间二氯苯	2.7	0.94
对二氯苯	3.0	1.1
邻二氯苯	3.0	1.1

表 5-3　不同压力氯代烃混合气体标准样品均匀性结果汇总　　（瓶号：0115144#）

组分	u_{bb}（最低压力至 1MPa）	u_{bb}（最低压力至 2MPa）
氯甲烷	0.20	0.24
氯乙烯	0.10	0.13
氯乙烷	0.20	0
1,1-二氯乙烯	0.15	0.16
二氯甲烷	0.13	0
反-1,2-二氯乙烯	0.22	0.18
1,1-二氯乙烷	0.10	0.12
顺-1,2-二氯乙烯	0.29	0.20
三氯甲烷	0.23	0.22
1,1,1-三氯乙烷	0.05	0.07
四氯化碳	0	0
1,2-二氯乙烷	0.24	0.15
三氯乙烯	0.32	0.17
1,2-二氯丙烷	0.21	0
1,1,2-三氯乙烷	0.47	0.36
四氯乙烯	0.37	0.22
氯苯	0.80	0.41
1,1,1,2-四氯乙烷	0.35	0.27
1,1,2,2-四氯乙烷	1.4	0.85
间二氯苯	2.6	1.0
对二氯苯	3.0	1.1
邻二氯苯	2.8	1.2

表 5-4　不同压力氯代烃混合气体标准样品均匀性结果汇总　（瓶号：0115154#）

组分	u_{bb}（最低压力至 1MPa）	u_{bb}（最低压力至 2MPa）
氯甲烷	0.47	0.92
氯乙烯	0.52	0.71
氯乙烷	0.55	0.52
1,1-二氯乙烯	0.71	0.48
二氯甲烷	0.58	0.46
反-1,2-二氯乙烯	0.58	0.46
1,1-二氯乙烷	0.47	0.51
顺-1,2-二氯乙烯	0.64	0.46
三氯甲烷	0.63	0.43
1,1,1-三氯乙烷	0.39	0.51
四氯化碳	0.47	0.61
1,2-二氯乙烷	0.64	0.49
三氯乙烯	0.65	0.46
1,2-二氯丙烷	0.52	0.52
1,1,2-三氯乙烷	0.87	0.53
四氯乙烯	0.66	0.47
氯苯	1.2	0.59
1,1,1,2-四氯乙烷	0.78	0.59
1,1,2,2-四氯乙烷	2.1	0.82
间二氯苯	3.4	0.50
对二氯苯	3.8	0.30
邻二氯苯	4.0	0.13

表 5-5　不同压力氯代烃混合气体标准样品均匀性结果汇总　（瓶号：04106#）

组分	u_{bb}（最低压力至 1MPa）	u_{bb}（最低压力至 2MPa）
氯甲烷	0.21	0.28
氯乙烯	0.76	0.55
氯乙烷	0.56	0.37
1,1-二氯乙烯	0.53	0.32
二氯甲烷	0.58	0.22
反-1,2-二氯乙烯	0.54	0.21
1,1-二氯乙烷	0.51	0.29
顺-1,2-二氯乙烯	0.59	0.22
三氯甲烷	0.59	0.26
1,1,1-三氯乙烷	0.53	0.31
四氯化碳	0.49	0.23
1,2-二氯乙烷	0.61	0.24
三氯乙烯	0.67	0.23
1,2-二氯丙烷	0.62	0.29
1,1,2-三氯乙烷	0.85	0.27
四氯乙烯	0.72	0.21
氯苯	1.1	0.24
1,1,1,2-四氯乙烷	0.84	0.35
1,1,2,2-四氯乙烷	1.9	0.56
间二氯苯	2.6	0.48
对二氯苯	2.9	0.45
邻二氯苯	3.0	0.66

表 5-6 不同压力氯代烃混合气体标准样品均匀性结果汇总 （瓶号：0115147#）

组分	u_{bb}（最低压力至 1MPa）	u_{bb}（最低压力至 2MPa）
氯甲烷	0.90	0.92
氯乙烯	0.79	0.71
氯乙烷	0.60	0.52
1,1-二氯乙烯	0.56	0.48
二氯甲烷	0.45	0.46
反-1,2-二氯乙烯	0.47	0.46
1,1-二氯乙烷	0.57	0.51
顺-1,2-二氯乙烯	0.43	0.46
三氯甲烷	0.41	0.43
1,1,1-三氯乙烷	0.57	0.51
四氯化碳	0.56	0.61
1,2-二氯乙烷	0.46	0.49
三氯乙烯	0.41	0.46
1,2-二氯丙烷	0.51	0.52
1,1,2-三氯乙烷	0.47	0.53
四氯乙烯	0.41	0.47
氯苯	0.70	0.59
1,1,1,2-四氯乙烷	0.53	0.59
1,1,2,2-四氯乙烷	1.45	1.1
间二氯苯	2.7	1.4
对二氯苯	3.1	1.6
邻二氯苯	3.0	1.7

第6章　稳定性研究

气体标准样品的稳定性是描述气体标准样品组分量值随时间的变化情况，是指气体标准样品在长时间储存条件下气瓶中气体组分量值保持不变的能力，是气体标准样品得以有效使用的前提条件。本研究考察了 16 个月内 22 种挥发性氯代烃混合气体标准样品的量值是否随着时间变化而变化，确定了稳定使用和保存的有效期限，以保证样品在实际使用过程中量值稳定。

6.1　时间稳定性检验

本研究的稳定性检验依据 GB/T 15000.3—2008 的有关要求进行，本实验采用 GC-FID 法进行氮气中氯代烃混合气体标准样品的分析测量，分析条件如 3.3 所述。

时间稳定性检验方法如下：以称量法配制 3 瓶气体标准样品，经检测其特性量值与配制值的一致性后，每隔两个月或三个月，制备新的氮气中氯代烃基准，对所储存的氮气中氯代烃混合气体标准样品进行分析，观察样品量值是否随时间有变化趋势。

6.2　时间稳定性趋势分析

本实验结果的评定依照 GB/T 15000.3—2008 的稳定性研究方法进行评估。从实验结果中未发现样品的测定值随储存时间增大、减小或者其他有规律的变化趋势，假定特性量值变化与储存时间之间存在线性关系。以 X 表示稳定性监测的时间（月），Y 表示每次稳定性监测的检验结果，b_1 表示线性斜率，b_0 表示线性截距，则量值随时间变化的线性关系表示为 $Y = b_1 X + b_0$。通过下述公式分别计算斜率 b_1 及其不确定度 $s(b_1)$，然后比较斜率的绝对值 $|b_1|$ 和 $t_{0.95, n-2} \cdot s(b_1)$ 的大小，考察斜率 b_1 的显著性，来判断样品是否随时间而变化。

$$\overline{Y} = b_0 + b_1 \overline{X}$$

其中，
$$b_1 = \frac{\sum_{i=1}^{n}(X_i - \overline{X})(Y - \overline{Y})}{\sum_{i=1}^{n}(X_i - \overline{X})^2}, \qquad b_0 = \overline{Y} - b_1 \overline{X}$$

由统计学计算可求得线性回归各点的标准偏差 $s(b_1)$，

$$s^2 = \frac{\sum_{i=1}^{n}(Y_i - b_0 - b_i X_i)^2}{n-2}$$

$$s(b_1) = \frac{s}{\sqrt{\sum_{i=1}^{n}(X_i - \bar{X})^2}}$$

式中，n 为稳定性检测次数；

$t_{0.95,\ n-2}$：为 $n-2$ 自由度，95% 置信区间的 t 分布临界。

若 $|b_1| < t_{0.95,\ n-2} \times s(b_1)$，则表示气体标准样品的特性量值对时间变量无显著差异，样品稳定性良好；

若 $|b_1| \geqslant t_{0.95,\ n-2} \times s(b_1)$，则表示气体标准样品的特性量值对时间变量有明显差异，样品稳定性较差。

本研究对氮气中氯代烃混合气体标准样品稳定性考察的测量结果和统计检验结果如表 6-1 到表 6-7。

表 6-1a　氯代烃混合气体标准样品随储存时间稳定性量值变化　　　（瓶号：0115123#）

组分	稳定性变化/（μmol/mol）					
	0*	1	3	6	9	12
氯甲烷	1.333	1.334	1.343	1.327	1.334	1.345
氯乙烯	1.411	1.430	1.396	1.405	1.419	1.408
氯乙烷	1.545	1.558	1.529	1.539	1.544	1.542
1,1-二氯乙烯	1.476	1.493	1.467	1.462	1.521	1.461
二氯甲烷	1.856	1.858	1.829	1.827	1.892	1.799
反-1,2-二氯乙烯	1.419	1.422	1.394	1.394	1.437	1.386
1,1-二氯乙烷	1.396	1.403	1.373	1.367	1.408	1.349
顺-1,2-二氯乙烯	1.380	1.382	1.350	1.350	1.386	1.336
三氯甲烷	1.426	1.431	1.401	1.397	1.431	1.382
1,1,1-三氯乙烷	1.379	1.382	1.352	1.349	1.379	1.336
四氯化碳	1.397	1.409	1.373	1.366	1.395	1.355
1,2-二氯乙烷	1.403	1.404	1.372	1.371	1.397	1.365
三氯乙烯	1.400	1.401	1.370	1.374	1.399	1.371
1,2-二氯丙烷	1.350	1.355	1.319	1.319	1.341	1.319
1,1,2-三氯乙烷	1.352	1.356	1.318	1.322	1.339	1.332
四氯乙烯	1.486	1.484	1.449	1.454	1.469	1.460
氯苯	1.457	1.457	1.419	1.427	1.443	1.442
1,1,1,2-四氯乙烷	1.355	1.355	1.324	1.325	1.339	1.331
1,1,2,2-四氯乙烷	1.446	1.447	1.402	1.412	1.429	1.431
间二氯苯	1.356	1.346	1.317	1.337	1.335	1.342
对二氯苯	1.465	1.450	1.423	1.447	1.441	1.451
邻二氯苯	1.436	1.427	1.394	1.417	1.417	1.421

*：0，1，…，12 为储存时间 0，1 个月，…，12 个月。下同。

表 6-1b　氯代烃混合气体标准样品随储存时间稳定性量值变化的统计分析　（瓶号：0115123#）

组分	b_1	b_0	$s(b_1)$	$t_{0.95,\ n-2} \times s(b_1)$	检验结果
氯甲烷	4.96×10^{-4}	1.33	6.73×10^{-4}	1.87×10^{-3}	无显著差异
氯乙烯	-3.74×10^{-4}	1.41	1.24×10^{-3}	3.44×10^{-3}	无显著差异
氯乙烷	-4.41×10^{-4}	1.55	9.75×10^{-4}	2.71×10^{-3}	无显著差异
1,1-二氯乙烯	6.32×10^{-5}	1.48	2.48×10^{-3}	6.89×10^{-3}	无显著差异
二氯甲烷	-2.03×10^{-3}	1.85	3.26×10^{-3}	9.07×10^{-3}	无显著差异
反-1,2-二氯乙烯	-1.22×10^{-3}	1.41	2.05×10^{-3}	5.70×10^{-3}	无显著差异
1,1-二氯乙烷	-2.51×10^{-3}	1.40	2.13×10^{-3}	5.91×10^{-3}	无显著差异
顺-1,2-二氯乙烯	-2.22×10^{-3}	1.38	1.95×10^{-3}	5.43×10^{-3}	无显著差异
三氯甲烷	-2.46×10^{-3}	1.42	1.83×10^{-3}	5.10×10^{-3}	无显著差异
1,1,1-三氯乙烷	-2.46×10^{-3}	1.38	1.68×10^{-3}	4.66×10^{-3}	无显著差异
四氯化碳	-2.87×10^{-3}	1.40	1.69×10^{-3}	4.71×10^{-3}	无显著差异
1,2-二氯乙烷	-2.22×10^{-3}	1.40	1.54×10^{-3}	4.27×10^{-3}	无显著差异
三氯乙烯	-1.47×10^{-3}	1.39	1.48×10^{-3}	4.12×10^{-3}	无显著差异
1,2-二氯丙烷	-2.04×10^{-3}	1.34	1.47×10^{-3}	4.09×10^{-3}	无显著差异
1,1,2-三氯乙烷	-1.39×10^{-3}	1.34	1.49×10^{-3}	4.14×10^{-3}	无显著差异
四氯乙烯	-1.63×10^{-3}	1.48	1.43×10^{-3}	3.96×10^{-3}	无显著差异
氯苯	-8.92×10^{-4}	1.45	1.58×10^{-3}	4.40×10^{-3}	无显著差异
1,1,1,2-四氯乙烷	-1.65×10^{-3}	1.35	1.25×10^{-3}	3.47×10^{-3}	无显著差异
1,1,2,2-四氯乙烷	-9.46×10^{-4}	1.43	1.86×10^{-3}	5.16×10^{-3}	无显著差异
间二氯苯	-5.94×10^{-4}	1.34	1.35×10^{-3}	3.76×10^{-3}	无显著差异
对二氯苯	-4.44×10^{-4}	1.45	1.45×10^{-3}	4.04×10^{-3}	无显著差异
邻二氯苯	-5.65×10^{-4}	1.42	1.47×10^{-3}	4.08×10^{-3}	无显著差异

表 6-2a　氯代烃混合气体标准样品随储存时间稳定性量值变化　（瓶号：61301169#）

组分	稳定性变化/（μmol/mol）					
	0	1	3	6	9	12
氯甲烷	1.381	1.378	1.404	1.406	1.396	1.399
氯乙烯	1.473	1.458	1.467	1.482	1.475	1.463
氯乙烷	1.622	1.588	1.603	1.588	1.608	1.599
1,1-二氯乙烯	1.585	1.554	1.566	1.565	1.610	1.550
二氯甲烷	1.993	1.948	1.958	1.974	2.018	1.937
反-1,2-二氯乙烯	1.523	1.496	1.496	1.506	1.535	1.494
1,1-二氯乙烷	1.499	1.472	1.475	1.476	1.503	1.439
顺-1,2-二氯乙烯	1.482	1.457	1.454	1.471	1.484	1.423
三氯甲烷	1.531	1.504	1.506	1.516	1.531	1.474
1,1,1-三氯乙烷	1.481	1.454	1.457	1.456	1.476	1.428
四氯化碳	1.500	1.478	1.474	1.467	1.501	1.437
1,2-二氯乙烷	1.506	1.482	1.479	1.488	1.500	1.461
三氯乙烯	1.503	1.478	1.477	1.498	1.500	1.465
1,2-二氯丙烷	1.450	1.427	1.425	1.434	1.439	1.413
1,1,2-三氯乙烷	1.451	1.427	1.422	1.449	1.438	1.429
四氯乙烯	1.595	1.566	1.562	1.583	1.577	1.565
氯苯	1.565	1.533	1.527	1.561	1.547	1.538
1,1,1,2-四氯乙烷	1.455	1.425	1.426	1.418	1.437	1.430
1,1,2,2-四氯乙烷	1.532	1.506	1.504	1.537	1.522	1.519
间二氯苯	1.415	1.396	1.401	1.411	1.428	1.411
对二氯苯	1.543	1.506	1.513	1.512	1.542	1.522
邻二氯苯	1.502	1.470	1.481	1.485	1.511	1.491

表 6-2b　氯代烃混合气体标准样品随储存时间稳定性量值变化的统计分析　（瓶号：61301169#）

组分	b_1	b_0	$s(b_1)$	$t_{0.95,\ n-2} \times s(b_1)$	检验结果
氯甲烷	1.48×10^{-3}	1.39	1.01×10^{-3}	2.82×10^{-3}	无显著差异
氯乙烯	2.02×10^{-4}	1.47	9.20×10^{-4}	2.56×10^{-3}	无显著差异
氯乙烷	-5.08×10^{-4}	1.60	1.35×10^{-3}	3.75×10^{-3}	无显著差异
1,1-二氯乙烯	9.32×10^{-5}	1.57	2.38×10^{-3}	6.61×10^{-3}	无显著差异
二氯甲烷	-3.55×10^{-4}	1.97	3.20×10^{-3}	8.90×10^{-3}	无显著差异
反-1,2-二氯乙烯	4.21×10^{-5}	1.51	1.80×10^{-3}	5.01×10^{-3}	无显著差异
1,1-二氯乙烷	-2.25×10^{-3}	1.49	2.16×10^{-3}	6.01×10^{-3}	无显著差异
顺-1,2-二氯乙烯	-2.16×10^{-3}	1.47	2.15×10^{-3}	5.99×10^{-3}	无显著差异
三氯甲烷	-2.12×10^{-3}	1.52	2.00×10^{-3}	5.55×10^{-3}	无显著差异
1,1,1-三氯乙烷	-2.14×10^{-3}	1.47	1.69×10^{-3}	4.69×10^{-3}	无显著差异
四氯化碳	-2.76×10^{-3}	1.49	2.11×10^{-3}	5.85×10^{-3}	无显著差异
1,2-二氯乙烷	-1.69×10^{-3}	1.49	1.48×10^{-3}	4.12×10^{-3}	无显著差异
三氯乙烯	-1.04×10^{-3}	1.49	1.57×10^{-3}	4.36×10^{-3}	无显著差异
1,2-二氯丙烷	-1.43×10^{-3}	1.44	1.15×10^{-3}	3.19×10^{-3}	无显著差异
1,1,2-三氯乙烷	-3.52×10^{-4}	1.44	1.27×10^{-3}	3.52×10^{-3}	无显著差异
四氯乙烯	-8.27×10^{-4}	1.58	1.29×10^{-3}	3.60×10^{-3}	无显著差异
氯苯	-3.71×10^{-4}	1.55	1.62×10^{-3}	4.50×10^{-3}	无显著差异
1,1,1,2-四氯乙烷	-7.47×10^{-4}	1.44	1.32×10^{-3}	3.68×10^{-3}	无显著差异
1,1,2,2-四氯乙烷	4.15×10^{-4}	1.52	1.40×10^{-3}	3.90×10^{-3}	无显著差异
间二氯苯	1.16×10^{-3}	1.40	1.04×10^{-3}	2.89×10^{-3}	无显著差异
对二氯苯	4.15×10^{-4}	1.52	1.68×10^{-3}	4.67×10^{-3}	无显著差异
邻二氯苯	1.12×10^{-3}	1.48	1.47×10^{-3}	4.08×10^{-3}	无显著差异

表 6-3a　氯代烃混合气体标准样品随储存时间稳定性量值变化　（瓶号：61301042#）

组分	稳定性变化/（μmol/mol）						
	0	1	3	6	9	12	16
氯甲烷	1.455	1.444	1.471	1.438	1.481	1.475	1.448
氯乙烯	1.540	1.526	1.523	1.544	1.500	1.512	1.520
氯乙烷	1.686	1.667	1.673	1.676	1.657	1.626	1.658
1,1-二氯乙烯	1.701	1.713	1.718	1.706	1.747	1.759	1.739
二氯甲烷	2.139	2.156	2.154	2.175	2.181	2.213	2.185
反-1,2-二氯乙烯	1.635	1.649	1.644	1.649	1.659	1.693	1.668
1,1-二氯乙烷	1.609	1.626	1.622	1.618	1.630	1.669	1.641
顺-1,2-二氯乙烯	1.591	1.605	1.597	1.596	1.607	1.646	1.619
三氯甲烷	1.644	1.661	1.656	1.652	1.659	1.702	1.677
1,1,1-三氯乙烷	1.590	1.604	1.601	1.598	1.600	1.644	1.615
四氯化碳	1.610	1.621	1.624	1.600	1.624	1.660	1.638
1,2-二氯乙烷	1.617	1.636	1.625	1.616	1.622	1.666	1.640
三氯乙烯	1.614	1.631	1.619	1.627	1.620	1.666	1.642
1,2-二氯丙烷	1.556	1.574	1.565	1.568	1.559	1.599	1.574
1,1,2-三氯乙烷	1.558	1.577	1.562	1.567	1.552	1.592	1.569
四氯乙烯	1.712	1.734	1.715	1.724	1.705	1.743	1.721
氯苯	1.680	1.700	1.678	1.688	1.670	1.704	1.691
1,1,1,2-四氯乙烷	1.562	1.576	1.569	1.555	1.557	1.591	1.577
1,1,2,2-四氯乙烷	1.666	1.672	1.653	1.680	1.633	1.676	1.656
间二氯苯	1.562	1.555	1.537	1.561	1.522	1.549	1.533
对二氯苯	1.690	1.676	1.656	1.686	1.641	1.666	1.649
邻二氯苯	1.655	1.639	1.622	1.656	1.610	1.639	1.615

表 6-3b 氯代烃混合气体标准样品随储存时间稳定性量值变化的统计分析 （瓶号：61301042#）

组分	b_1	b_0	$s(b_1)$	$t_{0.95,\ n-2} \times s(b_1)$	检验结果
氯甲烷	5.47×10^{-4}	1.46	1.24×10^{-3}	3.18×10^{-3}	无显著差异
氯乙烯	1.35×10^{-3}	1.53	9.78×10^{-4}	2.51×10^{-3}	无显著差异
氯乙烷	-2.27×10^{-3}	1.68	1.05×10^{-3}	2.69×10^{-3}	无显著差异
1,1-二氯乙烯	2.98×10^{-3}	1.71	1.01×10^{-3}	2.60×10^{-3}	无显著差异
二氯甲烷	3.48×10^{-3}	2.15	9.96×10^{-4}	2.56×10^{-3}	无显著差异
反-1,2-二氯乙烯	2.58×10^{-3}	1.64	8.70×10^{-4}	2.24×10^{-3}	无显著差异
1,1-二氯乙烷	2.41×10^{-3}	1.61	1.01×10^{-3}	2.59×10^{-3}	无显著差异
顺-1,2-二氯乙烯	2.28×10^{-3}	1.59	9.87×10^{-4}	2.54×10^{-3}	无显著差异
三氯甲烷	2.36×10^{-3}	1.65	1.01×10^{-3}	2.59×10^{-3}	无显著差异
1,1,1-三氯乙烷	1.96×10^{-3}	1.59	1.01×10^{-3}	2.60×10^{-3}	无显著差异
四氯化碳	2.12×10^{-3}	1.61	1.11×10^{-3}	2.86×10^{-3}	无显著差异
1,2-二氯乙烷	1.64×10^{-3}	1.62	1.11×10^{-3}	2.85×10^{-3}	无显著差异
三氯乙烯	2.00×10^{-3}	1.62	1.00×10^{-3}	2.58×10^{-3}	无显著差异
1,2-二氯丙烷	1.21×10^{-3}	1.56	9.25×10^{-4}	2.38×10^{-3}	无显著差异
1,1,2-三氯乙烷	6.54×10^{-4}	1.56	9.53×10^{-4}	2.45×10^{-3}	无显著差异
四氯乙烯	4.07×10^{-4}	1.72	9.69×10^{-4}	2.49×10^{-3}	无显著差异
氯苯	4.43×10^{-4}	1.68	8.98×10^{-4}	2.31×10^{-3}	无显著差异
1,1,1,2-四氯乙烷	8.52×10^{-4}	1.56	8.86×10^{-4}	2.28×10^{-3}	无显著差异
1,1,2,2-四氯乙烷	5.27×10^{-4}	1.67	1.20×10^{-3}	3.10×10^{-3}	无显著差异
间二氯苯	-1.40×10^{-3}	1.55	9.64×10^{-4}	2.48×10^{-3}	无显著差异
对二氯苯	-1.94×10^{-3}	1.68	1.11×10^{-3}	2.84×10^{-3}	无显著差异
邻二氯苯	-1.63×10^{-3}	1.64	1.19×10^{-3}	3.05×10^{-3}	无显著差异

表 6-4a 氯代烃混合气体标准样品随储存时间稳定性量值变化 （瓶号：017771#）

组分	稳定性变化/（μmol/mol）						
	0	1	3	6	9	12	16
氯甲烷	1.308	1.301	1.318	1.312	1.316	1.323	1.300
氯乙烯	1.384	1.380	1.385	1.390	1.364	1.385	1.385
氯乙烷	1.515	1.509	1.518	1.522	1.502	1.516	1.513
1,1-二氯乙烯	1.503	1.507	1.506	1.504	1.533	1.464	1.535
二氯甲烷	1.890	1.888	1.891	1.888	1.918	1.825	1.925
反-1,2-二氯乙烯	1.445	1.443	1.441	1.438	1.455	1.399	1.466
1,1-二氯乙烷	1.422	1.420	1.415	1.413	1.426	1.382	1.442
顺-1,2-二氯乙烯	1.405	1.401	1.399	1.400	1.403	1.367	1.420
三氯甲烷	1.452	1.449	1.445	1.445	1.451	1.418	1.467
1,1,1-三氯乙烷	1.404	1.400	1.395	1.393	1.400	1.372	1.416
四氯化碳	1.422	1.419	1.408	1.407	1.418	1.384	1.433
1,2-二氯乙烷	1.428	1.426	1.417	1.415	1.414	1.399	1.432
三氯乙烯	1.426	1.420	1.415	1.411	1.409	1.398	1.427
1,2-二氯丙烷	1.375	1.371	1.363	1.363	1.358	1.355	1.376
1,1,2-三氯乙烷	1.376	1.372	1.364	1.362	1.351	1.362	1.362
四氯乙烯	1.513	1.506	1.497	1.486	1.484	1.494	1.498
氯苯	1.484	1.475	1.469	1.461	1.451	1.469	1.465
1,1,1,2-四氯乙烷	1.380	1.376	1.370	1.363	1.361	1.368	1.375
1,1,2,2-四氯乙烷	1.472	1.459	1.451	1.447	1.436	1.456	1.435
间二氯苯	1.380	1.357	1.357	1.357	1.333	1.350	1.308
对二氯苯	1.492	1.463	1.466	1.469	1.441	1.454	1.401
邻二氯苯	1.462	1.433	1.436	1.440	1.420	1.427	1.378

表 6-4b　氯代烃混合气体标准样品随储存时间稳定性量值变化的统计分析　（瓶号：017771#）

组分	b_1	b_0	$s(b_1)$	$t_{0.95,\ n-2}\times s(b_1)$	检验结果
氯甲烷	1.10×10^{-4}	1.31	6.50×10^{-4}	1.67×10^{-3}	无显著差异
氯乙烯	-7.70×10^{-5}	1.38	6.32×10^{-4}	1.62×10^{-3}	无显著差异
氯乙烷	-1.18×10^{-4}	1.51	4.87×10^{-4}	1.25×10^{-3}	无显著差异
1,1-二氯乙烯	5.91×10^{-4}	1.50	1.76×10^{-3}	4.51×10^{-3}	无显著差异
二氯甲烷	2.58×10^{-4}	1.89	2.43×10^{-3}	6.24×10^{-3}	无显著差异
反-1,2-二氯乙烯	2.84×10^{-5}	1.44	1.57×10^{-3}	4.04×10^{-3}	无显著差异
1,1-二氯乙烷	1.29×10^{-4}	1.42	1.37×10^{-3}	3.52×10^{-3}	无显著差异
顺-1,2-二氯乙烯	-8.24×10^{-5}	1.40	1.20×10^{-3}	3.08×10^{-3}	无显著差异
三氯甲烷	2.57×10^{-5}	1.45	1.11×10^{-3}	2.84×10^{-3}	无显著差异
1,1,1-三氯乙烷	-1.28×10^{-5}	1.40	1.01×10^{-3}	2.59×10^{-3}	无显著差异
四氯化碳	-1.32×10^{-4}	1.41	1.17×10^{-3}	3.00×10^{-3}	无显著差异
1,2-二氯乙烷	-4.09×10^{-4}	1.42	8.18×10^{-4}	2.10×10^{-3}	无显著差异
三氯乙烯	-4.34×10^{-4}	1.42	7.48×10^{-4}	1.92×10^{-3}	无显著差异
1,2-二氯丙烷	-2.80×10^{-4}	1.37	6.09×10^{-4}	1.57×10^{-3}	无显著差异
1,1,2-三氯乙烷	-8.69×10^{-4}	1.37	4.66×10^{-4}	1.20×10^{-3}	无显著差异
四氯乙烯	-8.86×10^{-4}	1.50	6.67×10^{-4}	1.72×10^{-3}	无显著差异
氯苯	-9.82×10^{-4}	1.47	6.52×10^{-4}	1.68×10^{-3}	无显著差异
1,1,1,2-四氯乙烷	-3.84×10^{-3}	1.37	4.98×10^{-4}	1.28×10^{-3}	无显著差异
1,1,2,2-四氯乙烷	-1.61×10^{-3}	1.46	6.73×10^{-4}	1.73×10^{-3}	无显著差异
间二氯苯	-3.32×10^{-3}	1.37	8.51×10^{-4}	2.19×10^{-3}	无显著差异
对二氯苯	-4.18×10^{-3}	1.48	1.05×10^{-3}	2.70×10^{-3}	无显著差异
邻二氯苯	-3.70×10^{-3}	1.45	9.99×10^{-4}	2.57×10^{-3}	无显著差异

表 6-5a　氯代烃混合气体标准样品随储存时间稳定性量值变化　（瓶号：61301113#）

组分	稳定性变化/（µmol/mol）					
	0	1	3	6	9	12
氯甲烷	4.629	4.605	4.638	4.568	4.653	4.744
氯乙烯	4.900	4.876	4.776	4.810	4.857	4.762
氯乙烷	5.365	5.327	5.262	5.263	5.325	5.270
1,1-二氯乙烯	5.331	5.205	5.198	5.277	5.177	5.269
二氯甲烷	6.701	6.572	6.494	6.576	6.515	6.581
反-1,2-二氯乙烯	5.122	5.026	4.953	5.022	4.980	5.044
1,1-二氯乙烷	5.042	4.945	4.862	4.934	4.913	4.968
顺-1,2-二氯乙烯	4.984	4.892	4.802	4.872	4.866	4.909
三氯甲烷	5.150	5.055	4.959	5.035	5.029	5.073
1,1,1-三氯乙烷	4.979	4.889	4.790	4.862	4.859	4.899
四氯化碳	5.043	4.953	4.847	4.906	4.921	4.963
1,2-二氯乙烷	5.065	4.988	4.878	4.932	4.965	4.977
三氯乙烯	5.056	4.990	4.884	4.937	4.962	4.967
1,2-二氯丙烷	4.876	4.814	4.703	4.754	4.788	4.793
1,1,2-三氯乙烷	4.881	4.856	4.738	4.778	4.834	4.802
四氯乙烯	5.364	5.355	5.245	5.276	5.314	5.296
氯苯	5.262	5.283	5.176	5.198	5.248	5.207
1,1,1,2-四氯乙烷	4.893	4.892	4.775	4.814	4.858	4.846
1,1,2,2-四氯乙烷	5.220	5.288	5.133	5.109	5.227	5.136
间二氯苯	4.895	5.035	5.011	4.922	4.953	4.861
对二氯苯	5.292	5.461	5.468	5.360	5.375	5.250
邻二氯苯	5.185	5.345	5.299	5.183	5.253	5.140

表 6-5b　氯代烃混合气体标准样品随储存时间稳定性量值变化的统计分析　　（瓶号：61301113#）

组分	b_1	b_0	$s(b_1)$	$t_{0.95,\ n-2} \times s(b_1)$	检验结果
氯甲烷	8.19×10^{-3}	4.60	4.77×10^{-3}	1.33×10^{-2}	无显著差异
氯乙烯	-7.35×10^{-3}	4.87	4.68×10^{-3}	1.30×10^{-2}	无显著差异
氯乙烷	-4.57×10^{-3}	5.33	3.96×10^{-3}	1.10×10^{-2}	无显著差异
1,1-二氯乙烯	-2.22×10^{-3}	5.25	6.17×10^{-3}	1.71×10^{-2}	无显著差异
二氯甲烷	-5.88×10^{-3}	6.60	7.08×10^{-3}	1.97×10^{-2}	无显著差异
反-1,2-二氯乙烯	-3.56×10^{-3}	5.04	5.93×10^{-3}	1.65×10^{-2}	无显著差异
1,1-二氯乙烷	-2.67×10^{-3}	4.96	6.22×10^{-3}	1.73×10^{-2}	无显著差异
顺-1,2-二氯乙烯	-2.53×10^{-3}	4.90	6.21×10^{-3}	1.73×10^{-2}	无显著差异
三氯甲烷	-2.49×10^{-3}	5.06	6.51×10^{-3}	1.81×10^{-2}	无显著差异
1,1,1-三氯乙烷	-2.88×10^{-3}	4.89	6.40×10^{-3}	1.78×10^{-2}	无显著差异
四氯化碳	-2.97×10^{-3}	4.95	6.80×10^{-3}	1.89×10^{-2}	无显著差异
1,2-二氯乙烷	-3.33×10^{-3}	4.98	6.38×10^{-3}	1.77×10^{-2}	无显著差异
三氯乙烯	-3.79×10^{-3}	4.99	5.75×10^{-3}	1.60×10^{-2}	无显著差异
1,2-二氯丙烷	-3.37×10^{-3}	4.81	5.93×10^{-3}	1.65×10^{-2}	无显著差异
1,1,2-三氯乙烷	-3.54×10^{-3}	4.83	5.31×10^{-3}	1.47×10^{-2}	无显著差异
四氯乙烯	-3.92×10^{-3}	5.33	4.46×10^{-3}	1.24×10^{-2}	无显著差异
氯苯	-3.46×10^{-3}	5.25	4.05×10^{-3}	1.13×10^{-2}	无显著差异
1,1,1,2-四氯乙烷	-2.36×10^{-3}	4.86	4.73×10^{-3}	1.31×10^{-1}	无显著差异
1,1,2,2-四氯乙烷	-6.63×10^{-3}	5.22	6.65×10^{-3}	1.85×10^{-2}	无显著差异
间二氯苯	-7.42×10^{-3}	4.98	6.10×10^{-3}	1.70×10^{-2}	无显著差异
对二氯苯	-9.00×10^{-3}	5.41	8.15×10^{-3}	2.27×10^{-2}	无显著差异
邻二氯苯	-8.68×10^{-3}	5.28	7.11×10^{-3}	1.98×10^{-2}	无显著差异

表 6-6a　氯代烃混合气体标准样品随储存时间稳定性量值变化　　（瓶号：017756#）

组分	稳定性变化/（μmol/mol）						
	0	1	3	6	9	12	16
氯甲烷	3.693	3.708	3.732	3.648	3.699	3.780	3.760
氯乙烯	3.909	3.899	3.908	4.006	3.931	3.820	3.868
氯乙烷	4.280	4.272	4.296	4.337	4.299	4.229	4.273
1,1-二氯乙烯	5.318	5.289	5.392	5.483	5.309	5.363	5.292
二氯甲烷	6.685	6.686	6.720	6.883	6.681	6.725	6.659
反-1,2-二氯乙烯	5.109	5.104	5.109	5.242	5.097	5.149	5.093
1,1-二氯乙烷	5.029	5.025	5.024	5.152	5.026	5.058	5.021
顺-1,2-二氯乙烯	4.971	4.956	4.958	5.073	4.957	5.000	4.951
三氯甲烷	5.138	5.131	5.132	5.258	5.129	5.166	5.109
1,1,1-三氯乙烷	4.967	4.959	4.949	5.068	4.966	4.980	4.945
四氯化碳	5.031	5.029	5.021	5.151	5.013	5.041	5.006
1,2-二氯乙烷	5.052	5.033	5.014	5.132	5.041	5.055	5.008
三氯乙烯	5.043	5.027	4.994	5.100	5.028	5.049	5.016
1,2-二氯丙烷	4.864	4.857	4.820	4.927	4.854	4.855	4.830
1,1,2-三氯乙烷	4.869	4.850	4.808	4.919	4.861	4.849	4.865
四氯乙烯	5.351	5.323	5.279	5.384	5.334	5.339	5.338
氯苯	5.249	5.217	5.166	5.273	5.229	5.236	5.259
1,1,1,2-四氯乙烷	4.881	4.866	4.822	4.923	4.876	4.862	4.859
1,1,2,2-四氯乙烷	5.207	5.173	5.100	5.246	5.221	5.146	5.257
间二氯苯	4.883	4.829	4.747	4.792	4.850	4.877	4.908
对二氯苯	5.278	5.215	5.123	5.145	5.231	5.281	5.305
邻二氯苯	5.172	5.116	5.021	5.074	5.151	5.142	5.214

表 6-6b　氯代烃混合气体标准样品随储存时间稳定性量值变化的统计分析　（瓶号：017756#）

组分	b_1	b_0	$s(b_1)$	$t_{0.95,\ n-2}\times s(b_1)$	检验结果
氯甲烷	4.24×10^{-3}	3.69	2.75×10^{-3}	7.06×10^{-3}	无显著差异
氯乙烯	-3.83×10^{-3}	3.93	3.94×10^{-3}	1.01×10^{-2}	无显著差异
氯乙烷	-1.63×10^{-3}	4.29	2.37×10^{-3}	6.08×10^{-3}	无显著差异
1,1-二氯乙烯	-1.19×10^{-3}	5.36	5.25×10^{-3}	1.35×10^{-2}	无显著差异
二氯甲烷	-1.50×10^{-3}	6.73	5.65×10^{-3}	1.45×10^{-2}	无显著差异
反-1,2-二氯乙烯	-1.47×10^{-4}	5.13	4.00×10^{-3}	1.03×10^{-2}	无显著差异
1,1-二氯乙烷	1.22×10^{-4}	5.05	3.59×10^{-3}	9.22×10^{-3}	无显著差异
顺-1,2-二氯乙烯	-1.55×10^{-5}	4.98	3.31×10^{-3}	8.50×10^{-3}	无显著差异
三氯甲烷	-7.82×10^{-4}	5.16	3.73×10^{-3}	9.59×10^{-3}	无显著差异
1,1,1-三氯乙烷	-4.61×10^{-3}	4.98	3.17×10^{-3}	8.14×10^{-3}	无显著差异
四氯化碳	-1.22×10^{-3}	5.05	3.70×10^{-3}	9.50×10^{-3}	无显著差异
1,2-二氯乙烷	-1.07×10^{-3}	5.06	3.06×10^{-3}	7.87×10^{-3}	无显著差异
三氯乙烯	-9.73×10^{-5}	5.04	2.50×10^{-3}	6.43×10^{-3}	无显著差异
1,2-二氯丙烷	-1.08×10^{-3}	4.87	2.54×10^{-3}	6.52×10^{-3}	无显著差异
1,1,2-三氯乙烷	6.54×10^{-4}	4.86	2.46×10^{-3}	6.33×10^{-3}	无显著差异
四氯乙烯	8.55×10^{-4}	5.33	2.34×10^{-3}	6.02×10^{-3}	无显著差异
氯苯	2.14×10^{-3}	5.22	2.45×10^{-3}	6.29×10^{-3}	无显著差异
1,1,1,2-四氯乙烷	-1.95×10^{-4}	4.87	2.27×10^{-3}	5.84×10^{-3}	无显著差异
1,1,2,2-四氯乙烷	3.49×10^{-3}	5.17	3.96×10^{-3}	1.02×10^{-2}	无显著差异
间二氯苯	4.75×10^{-3}	4.81	3.67×10^{-3}	9.43×10^{-3}	无显著差异
对二氯苯	5.63×10^{-3}	5.19	4.62×10^{-3}	1.19×10^{-2}	无显著差异
邻二氯苯	5.36×10^{-3}	5.09	4.18×10^{-3}	1.07×10^{-2}	无显著差异

表 6-7a　氯代烃混合气体标准样品随储存时间稳定性量值变化　（瓶号：03116#）

组分	稳定性变化/（μmol/mol）					
	0	1	3	6	9	12
氯甲烷	4.665	4.610	4.642	4.578	4.571	4.714
氯乙烯	4.937	4.956	4.897	4.826	5.034	4.813
氯乙烷	5.406	5.402	5.352	5.277	5.435	5.297
1,1-二氯乙烯	5.446	5.531	5.550	5.507	5.548	5.522
二氯甲烷	6.845	6.941	6.883	6.877	6.938	6.896
反-1,2-二氯乙烯	5.232	5.300	5.242	5.248	5.300	5.284
1,1-二氯乙烷	5.150	5.219	5.157	5.144	5.224	5.206
顺-1,2-二氯乙烯	5.091	5.157	5.081	5.077	5.156	5.123
三氯甲烷	5.261	5.336	5.252	5.278	5.339	5.306
1,1,1-三氯乙烷	5.086	5.153	5.069	5.073	5.155	5.124
四氯化碳	5.152	5.219	5.132	5.137	5.209	5.188
1,2-二氯乙烷	5.174	5.241	5.148	5.126	5.245	5.197
三氯乙烯	5.165	5.231	5.136	5.128	5.237	5.178
1,2-二氯丙烷	4.981	5.040	4.952	4.929	5.044	4.993
1,1,2-三氯乙烷	4.986	5.054	4.948	4.914	5.059	4.979
四氯乙烯	5.480	5.556	5.441	5.418	5.552	5.463
氯苯	5.375	5.456	5.334	5.312	5.443	5.341
1,1,1,2-四氯乙烷	4.998	5.063	4.958	4.914	5.054	4.985
1,1,2,2-四氯乙烷	5.332	5.443	5.292	5.208	5.393	5.272
间二氯苯	5.000	5.152	5.013	4.987	5.030	4.927
对二氯苯	5.405	5.572	5.425	5.418	5.432	5.306
邻二氯苯	5.297	5.471	5.307	5.241	5.326	5.208

表 6-7b 氯代烃混合气体标准样品时间稳定性统计分析   （瓶号：03116#）

组分	b_1	b_0	$s(b_1)$	$t_{0.95,\,n-2} \times s(b_1)$	检验结果
氯甲烷	1.63×10^{-3}	4.62	5.76×10^{-3}	1.60×10^{-2}	无显著差异
氯乙烯	-5.06×10^{-3}	4.94	8.50×10^{-3}	2.36×10^{-2}	无显著差异
氯乙烷	-5.48×10^{-3}	5.39	6.21×10^{-3}	1.73×10^{-2}	无显著差异
1,1-二氯乙烯	3.44×10^{-3}	5.50	3.71×10^{-3}	1.03×10^{-2}	无显著差异
二氯甲烷	2.25×10^{-3}	6.89	3.79×10^{-3}	1.05×10^{-2}	无显著差异
反-1,2-二氯乙烯	2.93×10^{-3}	5.25	2.90×10^{-3}	8.06×10^{-3}	无显著差异
1,1-二氯乙烷	3.24×10^{-3}	5.17	3.56×10^{-3}	9.91×10^{-3}	无显著差异
顺-1,2-二氯乙烯	1.83×10^{-3}	5.10	3.77×10^{-3}	1.05×10^{-2}	无显著差异
三氯甲烷	2.96×10^{-3}	5.28	3.70×10^{-3}	1.03×10^{-2}	无显著差异
1,1,1-三氯乙烷	2.45×10^{-3}	5.10	3.98×10^{-3}	1.11×10^{-2}	无显著差异
四氯化碳	1.95×10^{-3}	5.16	3.87×10^{-3}	1.08×10^{-2}	无显著差异
1,2-二氯乙烷	1.50×10^{-3}	5.18	5.10×10^{-3}	1.42×10^{-2}	无显著差异
三氯乙烯	1.10×10^{-3}	5.17	4.89×10^{-3}	1.36×10^{-2}	无显著差异
1,2-二氯丙烷	8.77×10^{-4}	4.99	4.89×10^{-3}	1.36×10^{-2}	无显著差异
1,1,2-三氯乙烷	-2.62×10^{-4}	4.99	6.11×10^{-3}	1.70×10^{-2}	无显著差异
四氯乙烯	-1.12×10^{-3}	5.49	6.07×10^{-3}	1.69×10^{-2}	无显著差异
氯苯	-2.46×10^{-3}	5.39	6.25×10^{-3}	1.74×10^{-2}	无显著差异
1,1,1,2-四氯乙烷	-1.16×10^{-3}	5.00	6.01×10^{-3}	1.67×10^{-2}	无显著差异
1,1,2,2-四氯乙烷	-5.91×10^{-3}	5.35	8.53×10^{-3}	2.37×10^{-2}	无显著差异
间二氯苯	-9.53×10^{-3}	5.07	6.31×10^{-3}	1.75×10^{-3}	无显著差异
对二氯苯	-1.17×10^{-2}	5.49	6.88×10^{-3}	1.91×10^{-3}	无显著差异
邻二氯苯	-1.16×10^{-2}	5.37	7.73×10^{-3}	2.15×10^{-2}	无显著差异

由表 6-1 到表 6-7 可见，氮气中氯代烃混合气体标准样品 12 个月的稳定性检验结果显示：所有组分的量值与时间的拟合直线斜率$|b_1|$均小于 $t_{0.95,\,n-2} \times s(b_1)$，即在 95%置信区间内，样品的量值随时间变化无明显差异，说明本研究制备的氮气中氯代烃混合气体标准样品的组分在 12 个月内是稳定的。

6.3 低温存放实验

挥发性氯代烃混合气体标准样品的时间稳定检验过程中，样品的保存温度范围为室温。为了验证样品保存温度低至–20℃时，氯代烃在低温条件下可能出现冷凝现象，可能发生量值变化，本研究开展了低温存放实验。实验方法：首先测定挥发性氯代烃混合气体标准样品的浓度值，然后在–20℃低温条件下样品存放 24 h 以上，待样品及气瓶温度恢复到室温（约 20℃）后，使用与冷冻前同样的分析方法对此挥发性氯代烃混合气体标准样品进行测定，求取冷冻前后样品的量值的相对偏差，比较相对偏差与分析方法的相对标准偏差大小，来判断样品冷冻后量值是否发生变化，从而考察低温对样品的特性量值是否有影响。表 6-8 列出了挥发性氯代烃混合气体标准样品冷冻前后样品浓度值的相对偏差。结果显示，所有组分在冷冻前后量值的相对偏差均小于 1.0%，与分析方法的相对标准偏差有可比性，说明存放于温度低至–20℃后，样品量值没有明显变化。

表 6-8　挥发性氯代烃混合气体标准样品冷冻前后量值变化情况

组分	浓度变化/（μmol/mol）		
	$C_{冻后}$	$C_{冻前}$	相对偏差/%
氯甲烷	1.497	1.512	−1.0
氯乙烯	1.617	1.603	0.9
氯乙烷	1.759	1.756	0.2
1,1-二氯乙烯	1.477	1.476	0.1
二氯甲烷	1.854	1.846	0.4
反-1,2-二氯乙烯	1.406	1.405	0.1
1,1-二氯乙烷	1.380	1.378	0.1
顺-1,2-二氯乙烯	1.359	1.356	0.2
三氯甲烷	1.406	1.405	0.1
1,1,1-三氯乙烷	1.353	1.350	0.2
四氯化碳	1.363	1.360	0.2
1,2-二氯乙烷	1.366	1.363	0.2
三氯乙烯	1.364	1.361	0.2
1,2-二氯丙烷	1.311	1.309	0.2
1,1,2-三氯乙烷	1.302	1.299	0.2
四氯乙烯	1.433	1.431	0.1
氯苯	1.399	1.402	−0.2
1,1,1,2-四氯乙烷	1.299	1.303	−0.3
1,1,2,2-四氯乙烷	1.369	1.366	0.2
间二氯苯	1.255	1.266	−0.9
对二氯苯	1.349	1.363	−1.0
邻二氯苯	1.320	1.334	−1.0

　　根据 GB/T 15000.3—2008 设计了挥发性氯代烃混合气体标准样品的时间稳定性研究方案，制备了 7 瓶挥发性氯代烃混合气体标准样品，随着时间的推移进行测定并将结果作图，结果显示量值随时间没有显著的变化趋势。以线性关系为模型，计算线性直线的斜率和斜率的标准偏差，用 t 检验来判断斜率是否显著来评价气体标准样品的稳定性。结果显示：挥发性氯代烃混合气体标准样品能够稳定保存 12 个月，保存温度范围为−20～38℃，保存条件为通风干燥，禁止暴晒，防止撞击。

第7章　定值分析

采用《气体分析　校准混合气组成的测定和校验　比较法》（GB/T 10628—2008）对氯代烃混合气体标准样品进行定值,氯代烃混合气体标准样品的定值分析包括基准气体和气体标准样品的量值评定两个部分。不确定度的评定依据是 GB/T 5274—2008、GB/T 10628—2008 和 GB/T 15000.3—2008。

7.1　基准气体的量值评定

7.1.1　基准气体的标准值计算

氯代烃基准气体采用《气体分析　校准用混合气体的制备　称量法》（GB/T 5274—2008）推荐的称量法进行制备,以配制值作为标准值。

质量比浓度计算公式为:

$$x_i(m) = \frac{m_i \cdot x_{i,A}}{m_p + \sum\limits_{i=1}^{n} m_i}$$

摩尔比浓度计算公式为:

$$x_i(\text{mol}) = \frac{(x_{i,A} \cdot m_i)/M_i}{\sum\limits_{i=1}^{n} \left[(x_{i,A} \cdot m_i)/M_i \right] + \left\{ \left(m_p + \sum\limits_{i=1}^{n} m_i \cdot (1-x_{i,A}) \right) \cdot x_p/M_p \right\}}$$

式中, x_i（m）——组分 i 在最终混合气中的质量比浓度;

x_i（mol）——组分 i 在最终混合气中的摩尔比浓度;

n——原料气的总数;

m_i——组分 i 的称量质量,mg;

m_p——稀释气体的称量质量,mg;

M_i——组分 i 的摩尔质量,mol;

M_p——稀释气体的摩尔质量,mol;

x_p——稀释气体的纯度;

$x_{i,A}$——原料气 i 的质量比浓度。

7.1.2　基准气体的不确定度分析与计算

本项目研究的氯代烃基准气体的原料有气态和液态两种,其中氯甲烷、氯乙烯、氯乙烷是气态,其他为液态。一级中间气分别是浓度为 0.9%~3.3%（质量比）,氮气中氯甲烷气体、氮气中氯乙烯气体、氮气中氯乙烷气体的质量分数，二级中间气是由上述三种一级中间气混合经氮气稀释制成的。

（1）一级中间气的不确定度

本研究的一级中间气分别是浓度为 0.9%～3.3%（质量分数）的氮气中氯甲烷、氮气中氯乙烯、氮气中氯乙烷气体。其不确定度主要由原料气及稀释气体的纯度不确定度和称量不确定度合成而得。

1）浓度为 1.7%（质量分数）的氯甲烷一级中间气

浓度为 1.7% 的氯甲烷一级中间气由纯度为 99.95% 氯甲烷用氮气稀释而得，其不确定度由氯甲烷和氮气的纯度不确定度及称量不确定度合成而得。

本研究制备的基准气体采用双盘大型精密天平替代法称量，天平和砝码均通过中国计量科学研究院的检定，砝码为一等砝码。原料和稀释气体的称量过程中引起的不确定度主要包括天平称量的不确定度（u_m）、砝码的不确定度（u_w）、浮力影响的不确定度（u_B 和 u_{exp}）、残余气体（u_R）引起的不确定度。

a. 天平称量的不确定度（u_m）

天平称量的不确定度包含天平的实际标尺分度值、漂移、零点校正、气瓶在秤盘上位置的影响、气瓶在搬运和拆装时典型的质量变化、气瓶在恒温状态下的吸附现象等引起的不确定度。该不确定度通常采用模拟充装过程，反复称量气瓶统计计算得到。本研究通过三次重复称量一个气瓶，获得大型精密天平称量组分质量的估计标准不确定度为 s_p=4 mg，标准不确定度为 $u_m = s_p / \sqrt{n} = 4/\sqrt{3} = 2.3$ mg。

b. 砝码的不确定度（u_w）

替代法称量过程中使用的砝码已经通过中国计量科学研究院校准，砝码的扩展不确定度是校准证书中最大允许误差的 1/3。本研究参与计算的砝码的不确定度为扩展不确定度的 1/2，即最大允许误差的 1/6。

c. 浮力影响（u_B 和 u_{exp}）

浮力对称量过程的影响主要来源于天平两端的气瓶和砝码的容积不同，因此本研究对浮力引起的质量变化以及其不确定度进行了计算。

质量因浮力影响的修正值为：

$$m_B = \rho_a(V_m - V_R)$$

式中，m_B——浮力影响的修正值；

V_m——样品瓶和砝码的体积；

V_R——配衡瓶和砝码的体积；

ρ_a——空气密度。

空气浮力变化引起的不确定度可通过以下方程进行计算：

$$u_B{}^2 = \rho_a{}^2(\mathrm{d}V_m{}^2 + \mathrm{d}V_R{}^2) + (V_m - V_R)^2 \mathrm{d}\rho_a{}^2$$

式中，$\mathrm{d}\rho_a$=0.003，$V_m = m_w/\rho_w$，

$$dV_m^2 = \left(\frac{m_w}{\rho_w^2}\right)^2 d\rho_w^2 + \left(\frac{1}{\rho_w^2}\right)^2 dm_w^2$$

在制备过程中，气瓶的充装压力升到 15MPa 时，气瓶会产生 0.02L 的体积膨胀，由此产生的浮力影响与充装压力成正比。考虑到空气密度的极限值，因此由于气瓶体积膨胀引起的浮力影响量在 22.9[ρ_a（V_m-V_R）= 1.145 8×0.02]到 24.8 mg[ρ_a（V_m-V_R）= 1.242 9×0.02]间变化，取平均值为 23.8 mg，标准不确定度 u_{exp}=23.8/$\sqrt{3}$=13.7 mg。

d. 充装之前需要用氮气清洗气瓶，并抽真空至 10Pa，其残余的气体的质量和引起的不确定度为：$m = PVM/RT$=0.46 mg，u_R=0.46/$\sqrt{3}$=0.27 mg。

氯甲烷的纯度分析的不确定度为 0.5%。由于在对高纯氮气进行分析时未能检出氯代烃杂质，因此本研究认为高纯氮气中氯代烃杂质低于方法的检出限，由高纯氮气中氯代烃杂质引起的不确定度可以忽略不计。

基于上述分析，计算每个组分的称量值和标准不确定度，计算结果见表 7-1～表 7-3。

表 7-1 空瓶质量的称量不确定度影响

含义	估计值	标准不确定度	概率分布	敏感系数	不确定度影响
m_m	829.5	7.2	正态分布	1	7.2
u_m	−0.408	2.3	正态分布	1	2.3
u_B	0.124	0.31	正态分布	1	0.31
m_x	829.216	—	—	—	7.6

表 7-2 加入氯甲烷后气瓶质量的称量不确定度影响

含义	估计值	标准不确定度	概率分布	敏感系数	不确定度影响
m_m	819.5	7.2	正态分布	1	7.2
u_m	−0.128	2.3	正态分布	1	2.3
u_B	0.122	0.31	正态分布	1	0.31
m_x	819.494	—	—	—	7.6

表 7-3 加入 N_2 质量的称量不确定度影响

含义	估计值	标准不确定度	概率分布	敏感系数	不确定度影响
m_m	257	7.1	正态分布	1	7.1
u_m	−0.403	2.3	正态分布	1	2.3
u_B	0.038 3	0.10	正态分布	1	0.10
u_{exp}	0.023 8	13.7	矩形分布	1	14
u_R	0.000 456	0.26	矩形分布	1	0.26
m_x	256.660	—	—	—	16

因此氯甲烷的质量比浓度的计算公式：

$$x_i(m) = \frac{m_i \cdot x_{i,A}}{m_p + \sum_{i=1}^{n} m_i}$$

式中，x_i——组分 i 在最终混合气中的质量比浓度，%；

      n——原料气的总数；

      m_i——组分 i 的称量质量，mg；

      m_p——稀释气体的称量质量，mg；

      $x_{i,A}$——原料气 i 的质量比浓度，%。

各组分质量比浓度的不确定度合成计算公式：

$$u^2\left(x_i\right) = \sum \left(\frac{\partial x_i}{\partial m_i}\right)^2 \bullet u^2\left(m_i\right) + \sum \left(\frac{\partial x_i}{\partial x_{i,A}}\right)^2 \bullet u^2\left(x_{i,A}\right) + \sum \left(\frac{\partial x_i}{\partial m_p}\right) \bullet u^2\left(m_p\right)$$

基于上述分析并计算，氯甲烷原气纯度为 99.95%±0.50%，质量为 9.721±0.011；稀释气纯度为 99.999 5%，质量为 572.835±0.017 g。氯甲烷一级中间气的质量比浓度为 0.016 97±0.000 087。

2）浓度为 1.7% 的氯乙烷一级中间气

浓度为 1.7% 的氯乙烷一级中间气由纯度为 99.95% 的氯乙烷纯气经氮气稀释而得，其不确定度由氯乙烷和氮气的纯度不确定度及称量不确定度合成而得。计算方法参见 1）氯甲烷的计算方法。

表 7-4 空瓶质量的称量不确定度影响

含义	估计值	标准不确定度	概率分布	敏感系数	不确定度影响
m_m	806	7.2	正态分布	1	7.2
u_m	−0.411	2.3	正态分布	1	2.3
u_B	0.120	0.30	正态分布	1	0.30
m_x	805.709	—	—	—	7.6

表 7-5 加入氯乙烷后气瓶质量的称量不确定度影响

含义	估计值	标准不确定度	概率分布	敏感系数	不确定度影响
m_m	802.5	7.2	正态分布	1	7.2
u_m	−0.205	2.3	正态分布	1	2.3
u_B	0.120	0.30	正态分布	1	0.30
m_x	802.415	—	—	—	7.6

表 7-6 加入 N_2 质量的称量不确定度影响

含义	估计值	标准不确定度	概率分布	敏感系数	不确定度影响
m_m	450	7.1	正态分布	1	7.1
u_m	−0.365	2.3	正态分布	1	2.3
u_B	0.067 1	0.17	正态分布	1	0.17
u_{exp}	0.023 8	13.7	矩形分布	1	14
u_R	0.000 456	0.26	矩形分布	1	0.26
m_x	449.726	—	—	—	16

基于上述分析，氯乙烷原气纯度为 99.95%±0.50%，质量为 3.295±0.011；稀释气纯度为 99.999 5%，质量为 355.688±0.017 g。

氯乙烷的质量比浓度的计算公式：

$$x_i(m) = \frac{m_i \cdot x_{i,A}}{m_p + \sum\limits_{i=1}^{n} m_i}$$

式中，$x_i(m)$——组分 i 在最终混合气中的质量比浓度，%；

　　　n——原料气的总数；

　　　m_i——组分 i 的称量质量，mg；

　　　m_p——稀释气体的称量质量，mg；

　　　$x_{i,A}$——原料气 i 的质量比浓度，%。

各组分质量比浓度的不确定度合成计算公式：

$$u^2(x_i) = \sum \left(\frac{\partial x_i}{\partial m_i}\right)^2 \cdot u^2(m_i) + \sum \left(\frac{\partial x_i}{\partial x_{i,A}}\right)^2 \cdot u^2(x_{i,A}) + \sum \left(\frac{\partial x_i}{\partial m_p}\right) \cdot u^2(m_p)$$

氯乙烷一级中间气的质量比浓度为 0.009 244±0.000 055。

3）浓度为 3%的氯乙烯一级中间气

浓度为 3%的氯乙烯一级中间气由纯度为 99.95%的氯乙烯纯气经氮气稀释而得，不确定度由氯乙烯和氮气的纯度不确定度及称量不确定度合成而得。计算方法参见 1）氯甲烷的计算方法。

表 7-7　空瓶质量的称量不确定度影响

含义	估计值	标准不确定度	概率分布	敏感系数	不确定度影响
m_m	373.5	7.1	正态分布	1	7.1
u_m	−0.492	2.3	正态分布	1	2.3
u_B	0.056	0.14	正态分布	1	0.14
m_x	373.064	—	—	—	7.5

表 7-8　加入氯乙烯后气瓶质量的称量不确定度影响

含义	估计值	标准不确定度	概率分布	敏感系数	不确定度影响
m_m	357	7.1	正态分布	1	7.1
u_m	−0.427	2.3	正态分布	1	2.3
u_B	0.053	0.13	正态分布	1	0.13
m_x	356.626	—	—	—	7.5

表 7-9　加入 N₂ 质量的称量不确定度影响

含义	估计值	标准不确定度	概率分布	敏感系数	不确定度影响
m_m	−136	5.8	正态分布	1	5.8
u_m	−0.094	2.3	正态分布	1	2.3
u_B	−0.020 3	0.051	正态分布	1	0.051
u_{exp}	0.023 8	13.7	矩形分布	1	14
u_R	0.000 456	0.26	矩形分布	1	0.26
m_x	−136.090	—	—	—	15

　　基于上述分析，氯乙烯原气纯度为 99.95%±0.50%，质量为 16.437±0.011；稀释气纯度为 99.999 5%，质量为 492.716±0.017 g。

　　氯乙烯的质量比浓度的计算公式：

$$x_i(m) = \frac{m_i \cdot x_{i,A}}{m_p + \sum_{i=1}^{n} m_i}$$

式中，$x_i(m)$——组分 i 在最终混合气中的质量比浓度，%；

　　　　n——原料气的总数；

　　　　m_i——组分 i 的称量质量，mg；

　　　　m_p——稀释气体的称量质量，mg；

　　　　$x_{i,A}$——原料气 i 的质量比浓度，%。

各组分质量比浓度的不确定度合成计算公式：

$$u^2(x_i) = \sum \left(\frac{\partial x_i}{\partial m_i}\right)^2 \cdot u^2(m_i) + \sum \left(\frac{\partial x_i}{\partial x_{i,A}}\right)^2 \cdot u^2(x_{i,A}) + \sum \left(\frac{\partial x_i}{\partial m_p}\right) \cdot u^2(m_p)$$

　　氯乙烯一级中间气的质量比浓度为 0.032 08±0.000 16。

　　（2）二级中间气的不确定度

　　本研究的二级中间气是浓度为 250～500 µg/g 氯甲烷、氯乙烷、氯乙烯三种混合气，由氯甲烷、氯乙烷、氯乙烯一级中间气经氮气稀释制备而成。不确定度主要由一级中间气和氮气的称量不确定度及质量比浓度的不确定度合成而得。气瓶的称量采用双盘大型精密天平替代法称量，其称量不确定度参见 1）。

表 7-10　空瓶质量的称量不确定度影响

含义	估计值	标准不确定度	概率分布	敏感系数	不确定度影响
m_m	912	1.5	正态分布	1	1.5
u_m	−0.048 5	2.3	正态分布	1	2.3
u_B	0.136	0.34	正态分布	1	0.34
m_x	912.087	—	—	—	2.8

表7-11　加入氯乙烯一级气后气瓶的称量不确定度影响

含义	估计值	标准不确定度	概率分布	敏感系数	不确定度影响
m_m	901	1.5	正态分布	1	1.5
u_m	−0.175	2.3	正态分布	1	2.3
u_B	0.134	0.34	正态分布	1	0.34
m_x	900.959	—	—	—	2.8

表7-12　加入氯甲烷一级气后气瓶的称量不确定度影响

含义	估计值	标准不确定度	概率分布	敏感系数	不确定度影响
m_m	885	1.4	正态分布	1	1.4
u_m	−0.256 5	2.3	正态分布	1	2.3
u_B	0.132	0.33	正态分布	1	0.33
m_x	884.875	—	—	—	2.7

表7-13　加入氯乙烷一级气后气瓶的称量不确定度影响

含义	估计值	标准不确定度	概率分布	敏感系数	不确定度影响
m_m	840.5	1.5	正态分布	1	1.5
u_m	−0.207	2.3	正态分布	1	2.3
u_B	0.125	0.32	正态分布	1	0.32
m_x	840.418	—	—	—	2.8

表7-14　加入 N_2 后气瓶质量的称量不确定度影响

含义	估计值	标准不确定度	概率分布	敏感系数	不确定度影响
m_m	−108	0.28	正态分布	1	0.28
u_m	−0.294	2.3	正态分布	1	2.3
u_B	−0.016	0.041	正态分布	1	0.041
u_{exp}	0.023 8	14	矩形分布	1	14
u_R	0.000 913	0.53	矩形分布	1	0.53
m_x	−108.285	—	—	—	14

质量比浓度的计算公式：

$$x_i(m) = \frac{m_i \cdot x_{i,A}}{m_p + \sum_{i=1}^{n} m_i}$$

式中，$x_i(m)$——组分 i 在最终混合气中的质量比浓度，%；

　　　n——原料气的总数；

　　　m_i——组分 i 的称量质量，mg；

　　　m_p——稀释气体的称量质量，mg；

　　　$x_{i,A}$——原料气 i 的质量比浓度，%。

各组分质量比浓度的不确定度合成计算公式：

$$u^2(x_i) = \sum \left(\frac{\partial x_i}{\partial m_i} \right)^2 \cdot u^2(m_i) + \sum \left(\frac{\partial x_i}{\partial x_{i,A}} \right)^2 \cdot u^2(x_{i,A}) + \sum \left(\frac{\partial x_i}{\partial m_p} \right) \cdot u^2(m_p)$$

表 7-15　二级中间气不确定度的计算结果

来源	质量/g	称量不确定度/mg	质量浓度/(g/g)	纯度不确定度/(g/g)	最终浓度/(μg/g)	标准不确定度
氯乙烯	11.128	3.9	0.032 08	0.000 16	349.9	1.7
氯甲烷	16.084	3.9	0.016 97	0.000 87	267.5	1.4
氯乙烯	44.457	3.9	0.009 244	0.000 055	402.8	2.4
氮气	1 019.332	15	0.999 995	—	—

（3）浓度水平为 1 μmol/mol 氯代烃基准气体的不确定度

1 μmol/mol 氯代烃基准气体是由二级中间气、混合液体、氮气制备而得，其不确定度主要有二级中间气和氮气的称量不确定度与质量比浓度不确定度、混合液体和称量不确定度合成而得。其中二级中间气、氮气以及气瓶的质量采用双盘大型天平称量，混合液体采用电子天平称量。

采用电子天平称量的不确定度包括：天平校准证书给定的示值误差和天平称量的重复性不确定度。根据称量天平校准证书中给出的天平示值误差为 0.11 mg，假设天平的示值误差为矩形分布，即 0.11 mg/$\sqrt{3}$ =0.063 mg。

采用电子天平 6 次重复称量的数据为：20.899 20 mg，20.899 22 mg，20.899 24 mg，20.899 20 mg，20.899 27 mg，20.899 23 mg，标准偏差为：0.027 mg。

电子天平的称量不确定度为：$\sqrt{(0.063)^2 + (0.027)^2} = 0.069$ mg

由于混合液体的称量采用差减法，因此其称量不确定度为：

$$\sqrt{(0.069)^2 + (0.069)^2} = 0.098 \text{ mg}$$

表 7-16　空瓶质量的称量不确定度影响

含义	估计值	标准不确定度	概率分布	敏感系数	不确定度影响
m_m	43.5	0.43	正态分布	1	0.43
u_m	−0.296	2.3	正态分布	1	2.3
u_B	0.006	0.02	正态分布	1	0.02
m_x	43.210	—	—	—	2.3

表 7-17　加入混合液体后气瓶质量的称量不确定度影响

含义	估计值	标准不确定度	概率分布	敏感系数	不确定度影响
m_m	2.5	0.38	正态分布	1	0.38
u_m	−0.203	2.3	正态分布	1	2.3
u_B	0.000 4	0.001	正态分布	1	0.001
m_x	2.297	—	—	—	2.33

表 7-18   加入二级中间气后气瓶质量的称量不确定度影响

含义	估计值	标准不确定度	概率分布	敏感系数	不确定度影响
m_m	−4	0.37	正态分布	1	0.37
u_m	−0.37	2.3	正态分布	1	2.3
u_B	−0.001	0.002	正态分布	1	0.002
m_x	−4.371	—	—	—	2.33

表 7-19   加入 N_2 质量的称量不确定度影响

含义	估计值	标准不确定度	概率分布	敏感系数	不确定度影响
m_m	−558.5	1.37	正态分布	1	1.37
u_m	−0.301	2.3	正态分布	1	2.3
u_B	−0.083 3	0.21	正态分布	1	0.209
u_{exp}	0.023 8	13.7	矩形分布	1	13.7
u_R	0.68	0.39	矩形分布	1	0.39
m_x	−558.180	—	—	—	14.0

通过上述计算求得：一级中间气的称量质量为 6.668 g，其不确定度为 3.3 mg；混合液体的称量质量为 0.077 02 g，其不确定度为 0.098 mg；氮气的称量质量为 558.180 g，其不确定度为 14 mg。

氯代烃摩尔比浓度计算公式为：

$$x_i(\text{mol}) = \frac{\left(x_{i,A} \cdot m_i\right)\big/ M_i}{\sum_{i=1}^{n}\left(\left(x_{i,A} \cdot m_i\right)\big/ M_i\right) + \left(\left(m_p + \sum_{i=1}^{n} m_i \cdot \left(1 - x_{i,A}\right)\right) \cdot x_p \big/ M_p\right)}$$

式中，x_i（mol）——组分 i 在最终混合气中的摩尔比浓度，%；

　　　n——原料气的总数；

　　　m_i——组分 i 的称量质量，mg；

　　　m_p——稀释气体的称量质量，mg；

　　　M_i——组分 i 的摩尔质量，mol；

　　　M_p——稀释气体的摩尔质量，mol；

　　　x_p——稀释气体的纯度；

　　　$x_{i,A}$——原料气 i 的质量比浓度，%。

氯代烃基准气体的合成不确定度的计算公式为：

$$u^2(x_i) = \sum\left(\frac{\partial x_i}{\partial M_i}\right)^2 \cdot u^2(M_i) + \sum\left(\frac{\partial x_i}{\partial m_i}\right)^2 \cdot u^2(m_i) + \sum\left(\frac{\partial x_i}{\partial x_{i,A}}\right)^2 \cdot u^2(x_{i,A})$$

$$+ \sum\left(\frac{\partial x_i}{\partial M_p}\right) \cdot u^2(M_p) + \sum\left(\frac{\partial x_i}{\partial m_p}\right) \cdot u^2(m_p) + \sum\left(\frac{\partial x_i}{\partial x_p}\right) \cdot u^2(x_p)$$

表 7-20 氯代烃基准气体不确定度的计算结果

化合物	分子量	原料质量比浓度/（g/g）	原料称量质量/g	样品浓度/（mol/mol）	样品浓度的标准不确定度/（mol/mol）	样品浓度相对不确定度/%
氯甲烷	50.49	267.5×10^{-6}		1.65×10^{-6}	8.5×10^{-9}	0.51
氯乙烯	62.50	349.9×10^{-6}	6.668	1.74×10^{-6}	8.5×10^{-9}	0.49
氯乙烷	64.52	402.7×10^{-6}		1.94×10^{-6}	1.2×10^{-8}	0.60
1,1-二氯乙烯	96.94	0.041 22		1.53×10^{-6}	7.9×10^{-9}	0.52
二氯甲烷	84.93	0.045 39		1.92×10^{-6}	9.9×10^{-9}	0.52
反-1,2-二氯乙烯	96.94	0.039 60		1.47×10^{-6}	7.6×10^{-9}	0.52
1,1-二氯乙烷	98.96	0.039 79		1.44×10^{-6}	7.4×10^{-9}	0.52
顺-1,2-二氯乙烯	96.94	0.038 53		1.43×10^{-6}	7.4×10^{-9}	0.52
三氯甲烷	119.38	0.049 04		1.47×10^{-6}	7.6×10^{-9}	0.52
1,1,1-三氯乙烷	133.41	0.052 98		1.42×10^{-6}	7.4×10^{-9}	0.52
四氯化碳	153.82	0.061 87		1.44×10^{-6}	7.5×10^{-9}	0.52
1,2-二氯乙烷	98.96	0.039 98		1.45×10^{-6}	7.5×10^{-9}	0.52
三氯乙烯	131.29	0.052 94	0.077 02	1.45×10^{-6}	7.5×10^{-9}	0.52
1,2-二氯丙烷	112.99	0.043 94		1.40×10^{-6}	7.2×10^{-9}	0.52
1,1,2-三氯乙烷	133.41	0.051 93		1.40×10^{-6}	7.2×10^{-9}	0.52
四氯乙烯	165.83	0.070 95		1.53×10^{-6}	7.9×10^{-9}	0.52
氯苯	112.56	0.047 24		1.51×10^{-6}	7.8×10^{-9}	0.52
1,1,1,2-四氯乙烷	167.85	0.065 50		1.40×10^{-6}	7.2×10^{-9}	0.52
1,1,2,2-四氯乙烷	167.85	0.069 88		1.49×10^{-6}	7.7×10^{-9}	0.52
间二氯苯	147.01	0.057 39		1.40×10^{-6}	7.2×10^{-9}	0.52
对二氯苯	147.01	0.062 04		1.51×10^{-6}	7.8×10^{-9}	0.52
邻二氯苯	147.01	0.060 79		1.48×10^{-6}	7.6×10^{-9}	0.52

7.2 气体标准样品的量值评定

7.2.1 氮气中氯代烃混合气体标准样品标准值的计算

氮气中氯代烃混合气体标准样品以比较法为定值方法。标准值的计算公式如下：

$$C_s = \frac{A_s}{A_{\text{cal}}} C_{\text{cal}}$$

式中，A_s —— 样品气体的响应值，pA；

C_s —— 样品气体的浓度，μmol/mol；

A_{cal} —— 基准气体的响应值，pA；

C_{cal} —— 基准气体的浓度，μmol/mol。

7.2.2　氮气中氯代烃混合气体标准样品不确定度的计算

氮气中氯代烃混合气体标准样品的不确定度包括：标准值的定值不确定度、样品的不均匀性变化所引起的不确定度和不稳定性变化所引起的不确定度。

（1）定值不确定度（u_{char}）

氯代烃混合气体标准样品的定值不确定度主要由基准气体不确定度、样品的重复测定不确定度和基准重复测定不确定度组成。重复测定的不确定度主要是由仪器的基线漂移和信号转换的偏差等引起的，以重复测定的标准偏差来表示，结果见表 7-21。

表 7-21　定值相对不确定度　　　　　　　　　　　　　　　单位：%

化合物	基准	基准测定	样品测定	相对 u_{char}
氯甲烷	0.51	0.26	0.26	0.63
氯乙烯	0.49	0.79	0.79	1.22
氯乙烷	0.60	0.69	0.69	1.15
1,1-二氯乙烯	0.52	0.63	0.63	1.03
二氯甲烷	0.52	0.60	0.60	1.00
反-1,2-二氯乙烯	0.52	0.55	0.55	0.94
1,1-二氯乙烷	0.52	0.59	0.59	0.98
顺-1,2-二氯乙烯	0.52	0.62	0.62	1.02
三氯甲烷	0.52	0.61	0.61	1.01
1,1,1-三氯乙烷	0.52	0.59	0.59	0.98
四氯化碳	0.52	0.98	0.98	1.48
1,2-二氯乙烷	0.52	0.57	0.57	0.96
三氯乙烯	0.52	0.47	0.47	0.84
1,2-二氯丙烷	0.52	0.57	0.57	0.96
1,1,2-三氯乙烷	0.52	0.48	0.48	0.86
四氯乙烯	0.52	0.42	0.42	0.79
氯苯	0.52	0.45	0.45	0.82
1,1,1,2-四氯乙烷	0.52	0.58	0.58	0.97
1,1,2,2-四氯乙烷	0.52	0.77	0.77	1.21
间二氯苯	0.52	0.63	0.63	1.03
对二氯苯	0.52	0.59	0.59	0.98
邻二氯苯	0.52	0.84	0.84	1.30

（2）不均匀性引起的不确定度（u_{bb}）

氯代烃混合气体标准样品的瓶内不均匀性引起的不确定度是指气体标准样品在使用过程中随着压力变化量值变化的不确定度，其不确定度的计算见《氮气中氯代烃混合气体标准样品研制报告》中 4.5。根据均匀性研究结果计算可得氮气中氯代烃混合气体标准样品中瓶内不均匀性引起的相对不确定度见表 7-22。

表 7-22　不均匀性引起的相对不确定度

化合物	相对 u_{bb} /%
氯甲烷	0.45
氯乙烯	0.58
氯乙烷	0.77
1,1-二氯乙烯	0.65
二氯甲烷	0.62
反-1,2-二氯乙烯	0.64
1,1-二氯乙烷	0.62
顺-1,2-二氯乙烯	0.49
三氯甲烷	0.47
1,1,1-三氯乙烷	0.57
四氯化碳	0.37
1,2-二氯乙烷	0.49
三氯乙烯	0.39
1,2-二氯丙烷	0.56
1,1,2-三氯乙烷	0.42
四氯乙烯	0.27
氯苯	0.40
1,1,1,2-四氯乙烷	0.57
1,1,2,2-四氯乙烷	0.90
间二氯苯	1.1
对二氯苯	1.3
邻二氯苯	1.2

（3）不稳定性引起的不确定度（u_{lts}）

氯代烃混合气体标准样品的不稳定性引起的不确定度是氯代烃气体在长时间储存过程中量值变化的不确定度，根据 GB/T 15000.3—2008 的不稳定性研究不确定度的计算方法进行评估，计算公式如下：

$$u_{lts} = s(b_1) \times t$$

式中，t——气体标准样品稳定性分析的时间（以月计），由于气体标准样品的使用有效时间通常为 1 年，因此在本研究中 $t=12$。

根据稳定性研究结果计算可得氮气中氯代烃混合气体标准样品不稳定性引起的相对不确定度见表 7-23。

（4）氯代烃混合气体标准样品不确定度的合成和扩展

根据计算氯代烃混合气体标准样品的合成相对不确定度和相对扩展不确定度（$k=2$），其结果见表 7-24。

表 7-23　不稳定性引起的相对不确定度

化合物	相对 u_{lts} /%
氯甲烷	0.6
氯乙烯	1.1
氯乙烷	0.8
1,1-二氯乙烯	1.4
二氯甲烷	1.9
反-1,2-二氯乙烯	1.8
1,1-二氯乙烷	1.8
顺-1,2-二氯乙烯	1.7
三氯甲烷	1.6
1,1,1-三氯乙烷	1.5
四氯化碳	1.5
1,2-二氯乙烷	1.3
三氯乙烯	1.3
1,2-二氯丙烷	1.3
1,1,2-三氯乙烷	1.3
四氯乙烯	1.2
氯苯	1.3
1,1,1,2-四氯乙烷	1.1
1,1,2,2-四氯乙烷	1.6
间二氯苯	1.2
对二氯苯	1.2
邻二氯苯	1.2

表 7-24　氮气中氯代烃混合气体标准样品的相对不确定度　　单位：%

化合物	相对 u_{char}	相对 u_{bb}	相对 u_{lts}	相对合成	相对扩展
氯甲烷	0.63	0.45	0.6	1.0	2.0
氯乙烯	1.2	0.58	1.1	1.7	3.4
氯乙烷	1.2	0.77	0.8	1.6	3.2
1,1-二氯乙烯	1.0	0.65	2.0	2.3	4.6
二氯甲烷	1.0	0.62	2.1	2.4	4.8
反-1,2-二氯乙烯	0.94	0.64	1.8	2.1	4.2
1,1-二氯乙烷	0.98	0.62	1.8	2.2	4.4
顺-1,2-二氯乙烯	1.0	0.49	1.7	2.1	4.2
三氯甲烷	1.0	0.47	1.6	1.9	3.8
1,1,1-三氯乙烷	0.98	0.57	1.5	1.9	3.8
四氯化碳	1.5	0.37	1.5	2.1	4.2
1,2-二氯乙烷	0.96	0.49	1.3	1.7	3.4
三氯乙烯	0.84	0.39	1.3	1.6	3.2
1,2-二氯丙烷	0.96	0.56	1.3	1.7	3.4
1,1,2-三氯乙烷	0.86	0.42	1.3	1.6	3.2
四氯乙烯	0.79	0.27	1.2	1.4	2.8
氯苯	0.82	0.40	1.3	1.6	3.2
1,1,1,2-四氯乙烷	0.97	0.57	1.1	1.6	3.2
1,1,2,2-四氯乙烷	1.2	0.90	1.6	2.2	4.4
间二氯苯	1.0	1.1	1.2	1.9	3.8
对二氯苯	0.98	1.3	1.2	2.0	4.0
邻二氯苯	1.3	1.2	1.2	2.2	4.4

7.3　氯代烃气体标准样品的标准值和相对扩展不确定度

以瓶号 017771 为例，本研究制备的氮气中氯代烃混合气体标准样品的标准值和相对扩展不确定度（$k=2$）见表 7-25。

表 7-25　氯代烃混合气体标准样品的标准值和不确定度

化合物	标准值/（μmol/mol）	相对扩展不确定度/%
氯甲烷	1.31	5
氯乙烯	1.38	5
氯乙烷	1.52	5
1,1-二氯乙烯	1.50	5
二氯甲烷	1.89	5
反-1,2-二氯乙烯	1.44	5
1,1-二氯乙烷	1.42	5
顺-1,2-二氯乙烯	1.40	5
三氯甲烷	1.45	5
1,1,1-三氯乙烷	1.40	5
四氯化碳	1.42	5
1,2-二氯乙烷	1.43	5
三氯乙烯	1.43	5
1,2-二氯丙烷	1.38	5
1,1,2-三氯乙烷	1.38	5
四氯乙烯	1.51	5
氯苯	1.48	5
1,1,1,2-四氯乙烷	1.38	5
1,1,2,2-四氯乙烷	1.47	5
间二氯苯	1.38	5
对二氯苯	1.49	5
邻二氯苯	1.46	5

7.4　不确定度的影响因素及贡献

基准气体标准值的不确定度主要由原料称量量和纯度以及稀释气体的称量量和纯度的不确定合成而得。通过分析和计算各项不确定度以及其对于最终合成不确定度的贡献，得出以下影响组分不确定的结论。第一，高纯氮气的纯度高，称量质量大，因此高纯氮气的纯度和称量不确定度对最终组分浓度的不确定度的贡献可以忽略不计。第二，影响基准气体标准值的不确定度的最大因素是组分的纯度，因此选择纯度高并且纯度的不确定度小的原料对于降低浓度的最终不确定度有着至关重要的作用。第三，增大样品的称量质量，可以一定程度降低称量不确定度。在使用双盘精密天平称量过程中选用质量和体积尽可能接近的配衡气瓶，尽量减小砝码的使用，从而可以减少由砝码质量所引起的不确定度和砝码体积差异所产生的浮力所引起的不确定度。

氯代烃混合气体标准样品的不确定度包括：特性量值的定值不确定度，样品的不均匀性变化所引起的不确定度，样品的不稳定性变化所引起的不确定度。通过分析和计算各项不确定度以及其对于最终合成不确定度的贡献，得出以下影响组分不确定的结论。第一，样品的不稳定性引起的不确定度对样品标准值的不确定度贡献较大。分析评价结果发现不稳定性引起的不确定度有被放大的可能性。原因一，由于每次分析时均采用新制备的基准气体作为标准进行测定，使得本方法计算的不稳定性引入的不确定度中包含了基准的不确定度；原因二，不确定度的计算包含了分析方法的重复性和再现性引入的不确定度。第二，样品测定方法的精密度对样品标准值的不确定度有较大贡献。

第 8 章 量值比对分析

为了验证本研究制备的氯代烃混合气体标准样品的量值准确性，以本研究制备的氯代烃混合气体基准测定美国 NIST 传递标准 TO14 VOCs 气体标准样品（标准值为 1μmol/mol，扩展不确定度为 10%，$K=2$），结果显示见表 8-1、表 8-2。

表 8-1　美国 Scott 公司的 VOCs 气体标准样品测定结果　　　　　单位：μmol/mol

组分名称	测定值 1	测定值 2	相对标准偏差/%
二氯甲烷	1.054	1.054	0.0
1,1-二氯乙烷	1.046	1.043	0.2
顺-1,2-二氯乙烯	1.064	1.062	0.1
三氯甲烷	1.024	1.024	0.0
1,1,1-三氯乙烷	1.078	1.076	0.1
四氯化碳	1.033	1.033	0.0
三氯乙烯	1.052	1.051	0.1
1,2-二氯丙烷	1.027	1.026	0.0
1,1,2-三氯乙烷	1.084	1.083	0.1
四氯乙烯	1.051	1.047	0.3
氯苯	0.988	0.984	0.2
1,1,2,2-四氯乙烷	1.039	1.034	0.3
间二氯苯	1.080	1.072	0.5
对二氯苯	1.103	1.091	0.8
邻二氯苯	1.070	1.058	0.8

表 8-2   美国 Scott 公司的 VOCs 气体标准样品比对分析结果

组分名称	标准值 (x_{CRM}) / (μmol/ mol)	相对标准不确定度（相对 u_{CRM}）/%	测定值 (x_{meas}) / (μmol/ mol)	相对标准偏差（相对 u_{meas}）/%	$\dfrac{2\sqrt{u_{CRM}^2 + u_{meas}^2}}{x_{CRM}}$ /%	$\dfrac{\left|x_{CRXM} - x_{meas}\right|}{x_{CRXM}}$ /%
二氯甲烷	1.02	5.0	1.05	0.03	10.0	3.3
1,1-二氯乙烷	1.03	5.0	1.04	0.21	10.0	1.4
顺-1,2-二氯乙烯	1.04	5.0	1.06	0.11	10.0	2.2
三氯甲烷	1.04	5.0	1.02	0.02	10.0	−1.6
1,1,1-三氯乙烷	1.05	5.0	1.08	0.08	10.0	2.6
四氯化碳	1.02	5.0	1.03	0.04	10.0	1.3
三氯乙烯	1.04	5.0	1.05	0.07	10.0	1.1
1,2-二氯丙烷	1.04	5.0	1.03	0,05	10.0	−1.3
1,1,2-三氯乙烷	1.04	5.0	1.08	0.09	10.0	4.2
四氯乙烯	1.04	5.0	1.05	0.26	10.0	0.8
氯苯	1.04	5.0	0.99	0.24	10.0	−5.2
1,1,2,2-四氯乙烷	1.04	5.0	1.04	0.34	10.0	−0.3
间二氯苯	1.04	5.0	1.08	0.54	10.1	3.4
对二氯苯	1.04	5.0	1.10	0.80	10.1	5.5
邻二氯苯	1.04	5.0	1.06	0.79	10.1	2.3

参考文献

[1] Schmidt W P，Rook H L. Anal Chem，1983，55：290.

[2] Schic B，Risse U，Kettrup A. Anal Chem，1999，364：709.

[3] Rhoderick G C. Anal Chem，1997，359：477.

[4] Rhoderick G C，Zlellnski W L. Environ Scl Technol，1993，27（13）：2849.

[5] Rhoderick G C，Miller W R. Chromatogr，1993，653：71.

[6] Rhoderick G C，Zielinski W L. Anal Chem，1988，20：2454.

[7] Rhoderick G C，Yen J H. Anal Chem，2006，78：3125-3132.

[8] 张靖，邵敏，苏芳. 北京市大气中挥发性有机物的组成特征[J]. 环境科学研究，2004，17（5）：1-5.

[9] 王新明，等. 广州市大气中挥发有机物组成特征[J]. 广州环境科学，1998，13（2）：6-9.

[10] 丁会请，张兴文，杨凤林，等. 城市空气中挥发性有机物的来源分析[J]. 辽宁化工，2007，36（2）：136-139.

[11] 吴忠祥，等. 氮气中苯系物（高压）气体标准样品的研制[J]. 低温与特气，2001，19（4）：29-34.

[12] 李宁，等. 氮气中六种氯代烷烃混合标准气体的研制[J]. 色谱，2010，28（5）：521-524.

[13] 胡树国，等. 化学计量分析[J]. 2007，16（3）：11.

[14] GB/T 5274—2008 气体分析 校准用混合气体的制备 称量法.

[15] GB/T 15000.3—2008 标准样品工作导则（3）标准样品定值的一般原则和统计方法.

[16] GB/T 10628—2008 气体分析 校准混合气组成的测定和校验 比较法.

[17] 韩永志. 标准物质手册[M]. 北京：中国计量出版社，1998.

[18] 全浩. 标准物质及其应用技术[M]. 北京：中国标准出版社，2003.

[19] 金美兰. 标准气体及其应用[M]. 北京：化学工业出版社，2003.

[20] 金美兰. 标准气体的共性技术[J]. 低温与特气，2007，25（2）：1-6.

[21] GB12137—89 气瓶气密性试验方法.

[22] 气瓶安全监察规程.

中华人民共和国
国家标准样品证书

GSB ××××××-××

挥发性氯代烃混合气体标准样品

Chlorinated Hydrocarbons in Nitrogen Certified Reference Materials

研制单位：环境保护部标准样品研究所

定值日期：2012 年 11 月

有效日期：2013 年 10 月

发布日期：2012 年 ×× 月 ×× 日

国家质量监督检验检疫总局
国家标准化管理委员会批准

1. 标准样品原料来源

挥发性氯代烃混合气体标准样品所用的原材料的来源及纯度见表1。

表1　氯代烃原料和稀释气体的来源

组分	来源	纯度/%
1,1-二氯乙烯	Fluka	99.5
二氯甲烷	ACROS 公司	99.9
反-1,2-二氯乙烯	ACROS 公司	99.7
1,1-二氯乙烷	TCI 公司	99.1
顺-1,2-二氯乙烯	ACROS 公司	99.0
三氯甲烷	TEDIA	99.5
1,1,1-三氯乙烷	Sigma-adrich	99.5
四氯化碳	南京化学试剂	99.9
1,2-二氯乙烷	ACROS 公司	99.9
三氯乙烯	ACROS 公司	99.9
1,2-二氯丙烷	ACROS 公司	99.8
1,1,2-三氯乙烷	ACROS 公司	98.4
四氯乙烯	ACROS 公司	99.5
氯苯	ACROS 公司	99.9
1,1,1,2-四氯乙烷	Fluka	99.9
1,1,2,2-四氯乙烷	ACROS 公司	98.7
间二氯苯	ACROS 公司	99.6
对二氯苯	TCI	99.9
邻二氯苯	ACROS 公司	99.9
氯甲烷	佛山科的有限公司	99.95
氯乙烯	大连光明院	99.95
氯乙烷	佛山科的有限公司	99.95
高纯氮气	北京普莱克斯（PRAXAIR）实用气体有限公司	99.999

2. 标准样品的制备方法

挥发性氯代烃混合气体标准样品制备依照 GB/T 5274—2008《气体分析　校准用混合气体的制备　称量法》主要制备方法如下：

1）称量样品气瓶的质量；

2）通过有机物液体汽化填充设备将已知质量的氯代烃液体样品充入样品气瓶中，并称量气瓶的质量；

3）向样品气瓶中充入氯代烃气体混合原料气，待样品瓶热平衡后，称量气瓶的质量；

4）向样品气瓶中充入高纯氮气至预定压力，待样品气瓶达到热平衡后，称量气瓶、氯代烃混合样品和氮气的质量；

5）根据气瓶中充入氯代烃和氮气的质量，计算气瓶中氯代烃气体样品的质量比分数和摩尔比分数；

6）将样品气瓶置于气瓶滚动设备上滚动 30 min 后，直立放置。

3. 标准样品的形状、规格和包装

本标准样品为高压气体，充装于 2L 内表面镀层处理的铝合金无缝气瓶中，平衡气为高纯氮气。

4. 标准样品的均匀性

为了保证气体标准样品的量值在使用过程中准确，本研究将填充有 10MPa 以上的挥发性氯代烃混合气体标准样品，通过减压阀按 10、8、6、4、2、1MPa 压力值放气，在每个压力值时，重复测量 3 次 22L 氯代烃混合气体标准样品的浓度。结果显示，在压力为 2MPa 以上，22L 氯代烃混合气体标准样品由瓶内不均匀性引起的不确定度与分析方法的不确定度大小接近，样品组分量值在瓶内是均匀的。本气体标准样品的最低使用压力为 2MPa。

5. 标准样品的稳定性

气体标准样品稳定性主要研究气瓶中组分气体的量值与时间的关系。对进行时间稳定性考察的挥发性氯代烃混合气体标准样品，经一定的时间间隔，以新制备的基准气体进行分析测量，对分析测量的结果，采用 GB/T 15000.3—2008 的统计方法进行评估。本标准样品经过稳定性连续监测和检验，结果表明可稳定保存 12 个月。

6. 标准值和相对扩展不确定度

挥发性氯代烃混合气体标准样品采用称量法制备，标准值以基准气体检测分析的测定均值来确定。气体标准样品的合成不确定度主要包括：气体样品测定的不确定度（包含基准气体的不确定度）、气体样品不均匀性引起的不确定度和不稳定性引起的不确定度。扩展不确定度由合成不确定度和包含因子（$k=2$）相乘而得。

表2　挥发性氯代烃混合气体标准样品的标准值和相对扩展不确定度

组分名称	标准值/（μmol/mol）	相对扩展不确定度/%（$k=2$）
氯甲烷	1.31	5
氯乙烯	1.38	5
氯乙烷	1.52	5
1,1-二氯乙烯	1.50	5
二氯甲烷	1.89	5
反-1,2-二氯乙烯	1.44	5
1,1-二氯乙烷	1.42	5
顺-1,2-二氯乙烯	1.40	5
三氯甲烷	1.45	5
1,1,1-三氯乙烷	1.40	5
四氯化碳	1.42	5
1,2-二氯乙烷	1.43	5
三氯乙烯	1.43	5
1,2-二氯丙烷	1.38	5
1,1,2-三氯乙烷	1.38	5
四氯乙烯	1.51	5
氯苯	1.48	5
1,1,1,2-四氯乙烷	1.38	5
1,1,2,2-四氯乙烷	1.47	5
间二氯苯	1.38	5
对二氯苯	1.49	5
邻二氯苯	1.40	5

7．标准样品的溯源性

本研究依照《气体分析　校准用混合气体的制备　称量法》（GB/T 5274—2008）制备气体标准样品，采用气相色谱法对样品进行测定。

用于气体标准样品制备和检测的称量天平和气相色谱仪均通过中国计量科学院的计量检定，因此，挥发性氯代烃混合气体标准样品的量值可溯源至国家计量标准。

8．标准样品的测定方法

测定方法为气相色谱法——火焰离子化检测器（GC/FID）。

9．预期用途

本标准样品主要应用于环境气态氯代烃污染物监测分析过程中的质量控制和质量保证、评价氯代烃污染物气体分析方法和对未知含量的氯代烃进行标定并赋予量值。

10．标准样品的正确使用方法

本气体标准样品必须与压力调节器配合使用，使用前需将管路、压力调节器中的杂质气体置换干净。

11．标准样品的贮存和运输

本气体标准样品贮存时应关紧气瓶阀门，防止泄漏，并存放于通风良好的室内。在运输过程中应避免暴晒，远离热源，严禁冲击碰撞。

12．注意事项

本标准样品为高压形态，应在阴凉处保存并防止撞击。在使用时严禁瓶口指向人员，防止气流冲击造成伤害。

13．研制单位和分析人员名单

研制单位：环境保护部标准样品研究所。

研制者及分析人员：程春明、田文、李宁、樊强、郭健、王倩、钱萌、杜键、王帅斌、倪才倩、范洁、张太生、邱争、封跃鹏等。

附录二

线性数据图

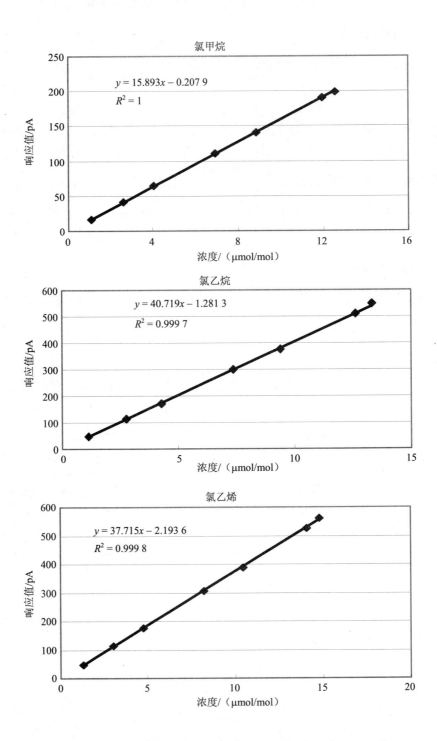

1,1-二氯乙烯

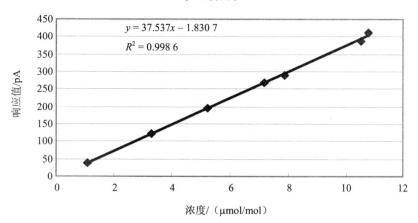

$y = 37.537x - 1.830\ 7$
$R^2 = 0.998\ 6$

二氯甲烷

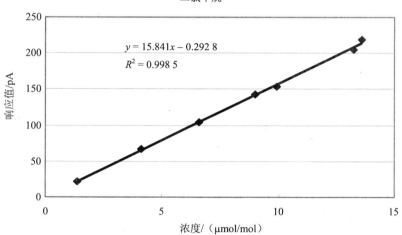

$y = 15.841x - 0.292\ 8$
$R^2 = 0.998\ 5$

1,1-二氯乙烷

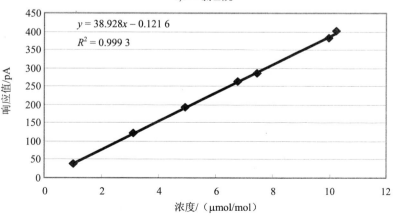

$y = 38.928x - 0.121\ 6$
$R^2 = 0.999\ 3$

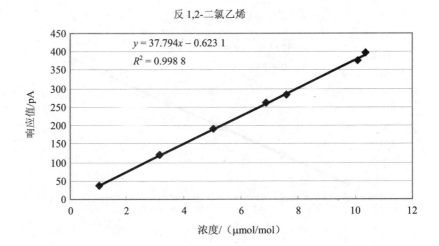

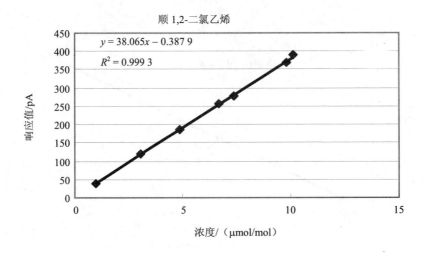

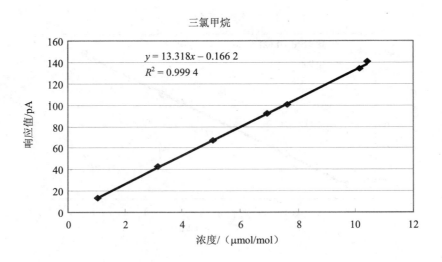

1,1,1-三氯乙烷

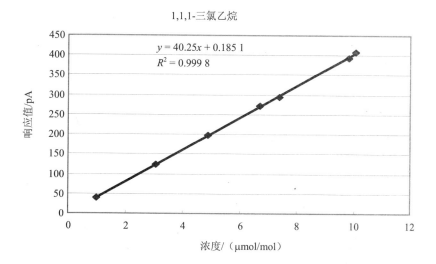

四氯化碳

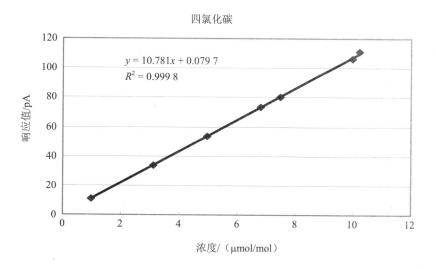

1,2-二氯乙烷

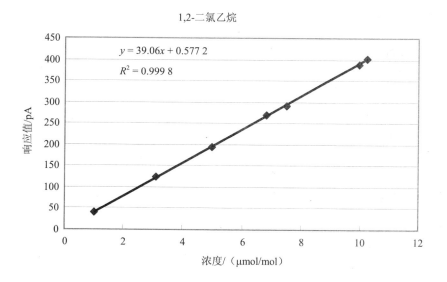

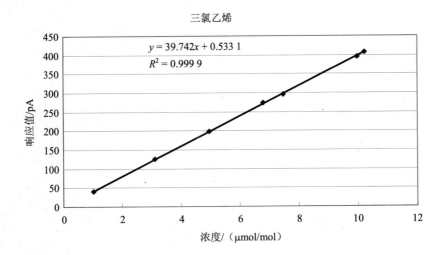

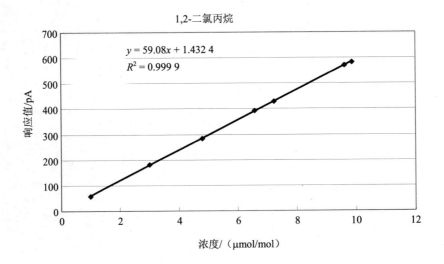

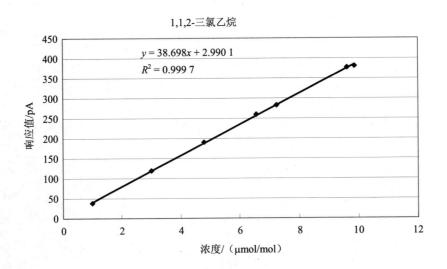

四氯乙烯

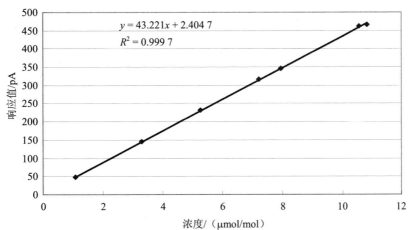

氯苯

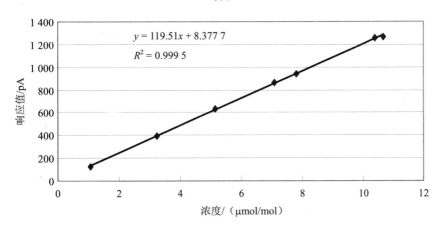

1,1,1,2-四氯乙烷

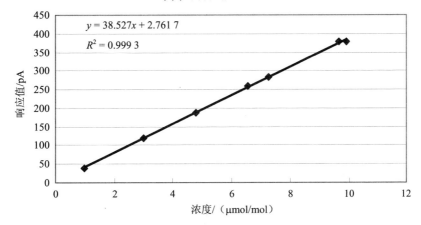

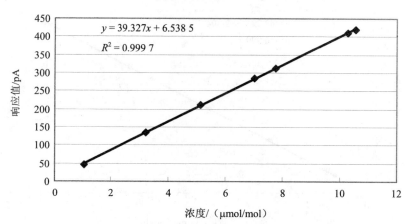

1,1,2,2-四氯乙烷

$y = 39.327x + 6.538\ 5$

$R^2 = 0.999\ 7$

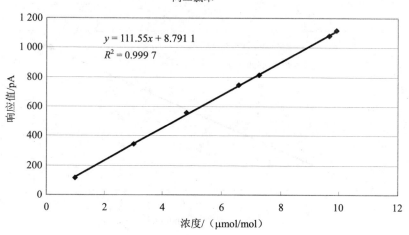

间二氯苯

$y = 111.55x + 8.791\ 1$

$R^2 = 0.999\ 7$

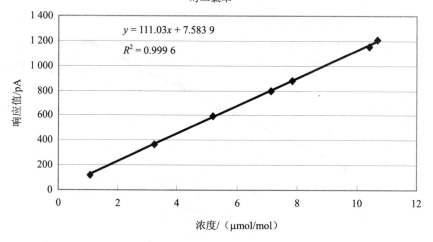

对二氯苯

$y = 111.03x + 7.583\ 9$

$R^2 = 0.999\ 6$

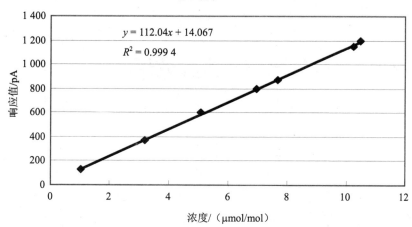

邻二氯苯

$y = 112.04x + 14.067$

$R^2 = 0.999\ 4$

附录三

气瓶转移实验数据表

表 1　国产普通气瓶转移实验 1（放置 2 d）　　　　　　　单位：μmol/mol

组分	$C_配$	A_0（母瓶 017801#）	A_1（子瓶 04918022）	$E/\%$
氯甲烷	1.646	26.40	26.02	−1.4
氯乙烯	1.742	66.74	65.97	−1.2
氯乙烷	1.907	70.62	69.21	−2.0
1,1-二氯乙烯	1.496	53.03	52.54	−0.9
二氯甲烷	1.880	28.64	28.34	−1.0
反-1,2-二氯乙烯	1.437	52.09	51.57	−1.0
1,1-二氯乙烷	1.415	53.25	52.55	−1.3
顺-1,2-二氯乙烯	1.398	51.14	50.59	−1.1
三氯甲烷	1.445	18.60	18.36	−1.3
1,1,1-三氯乙烷	1.397	54.47	53.75	−1.3
四氯化碳	1.415	14.82	14.63	−1.3
1,2-二氯乙烷	1.421	53.65	52.97	−1.3
三氯乙烯	1.419	54.56	54.18	−0.7
1,2-二氯丙烷	1.368	78.57	77.20	−1.7
1,1,2-三氯乙烷	1.369	52.15	51.05	−2.1
四氯乙烯	1.505	63.65	62.90	−1.2
氯苯	1.476	172.6	169.7	−1.7
1,1,1,2-四氯乙烷	1.373	51.82	50.55	−2.5
1,1,2,2-四氯乙烷	1.465	56.87	53.31	−6.3
间二氯苯	1.373	146.0	143.1	−2.0
对二氯苯	1.485	155.6	153.4	−1.4
邻二氯苯	1.455	156.0	150.2	−3.7

表2　国产普通气瓶转移实验2（放置2 d）　　　　单位：μmol/mol

组分	$C_配$	A_0（母瓶 017784#）	A_1（子瓶 04918006）	E/%
氯甲烷	1.491	23.61	23.43	−0.8
氯乙烯	1.578	59.73	58.80	−1.6
氯乙烷	1.727	62.91	61.95	−1.5
1,1-二氯乙烯	1.304	46.50	45.96	−1.2
二氯甲烷	1.639	25.11	24.84	−1.1
反-1,2-二氯乙烯	1.253	45.55	45.16	−0.9
1,1-二氯乙烷	1.233	46.38	45.76	−1.3
顺-1,2-二氯乙烯	1.219	44.63	44.17	−1.0
三氯甲烷	1.260	16.20	16.00	−1.2
1,1,1-三氯乙烷	1.218	47.51	46.80	−1.5
四氯化碳	1.233	12.88	12.68	−1.6
1,2-二氯乙烷	1.239	46.75	45.90	−1.8
三氯乙烯	1.237	47.61	47.65	0.1
1,2-二氯丙烷	1.193	68.42	66.60	−2.7
1,1,2-三氯乙烷	1.194	45.53	43.96	−3.4
四氯乙烯	1.312	55.61	54.90	−1.3
氯苯	1.287	151.2	146.1	−3.4
1,1,1,2-四氯乙烷	1.197	45.19	43.33	−4.1
1,1,2,2-四氯乙烷	1.277	50.76	43.79	−13.7
间二氯苯	1.197	135.1	122.0	−9.7
对二氯苯	1.294	145.4	131.0	−9.9
邻二氯苯	1.268	145.9	125.4	−14.1

表3　国产普通气瓶转移实验3（放置2 d）　　　　单位：μmol/mol

组分	$C_配$	A_0（母瓶 017800#）	A_1（子瓶 3153）	E/%
氯甲烷	1.707	24.85	24.71	−0.6
氯乙烯	1.837	57.86	57.46	−0.7
氯乙烷	1.990	60.46	59.98	−0.8
1,1-二氯乙烯	2.490	74.90	74.41	−0.7
二氯甲烷	1.683	21.60	21.51	−0.4
反-1,2-二氯乙烯	1.584	48.15	47.97	−0.4
1,1-二氯乙烷	1.419	44.48	44.18	−0.7
顺-1,2-二氯乙烯	1.435	44.18	43.99	−0.4
三氯甲烷	1.527	16.49	16.40	−0.5
1,1,1-三氯乙烷	1.436	46.81	46.51	−0.6
四氯化碳	1.455	13.02	12.88	−1.1
1,2-二氯乙烷	1.453	45.93	45.68	−0.5
三氯乙烯	1.488	47.96	47.92	−0.1
1,2-二氯丙烷	1.404	66.91	66.50	−0.6
1,1,2-三氯乙烷	1.490	47.38	47.04	−0.7
四氯乙烯	1.571	55.26	55.05	−0.4
氯苯	1.459	139.0	138.6	−0.3
1,1,1,2-四氯乙烷	1.389	43.66	43.30	−0.8
1,1,2,2-四氯乙烷	1.482	48.08	47.10	−2.0
间二氯苯	1.313	118.8	120.4	1.3
对二氯苯	1.494	134.2	136.8	1.9
邻二氯苯	1.424	130.6	131.8	0.9

表4　国产普通气瓶转移实验4（放置2 d）　　　　　单位：μmol/mol

组分	$C_配$	A_0（母瓶 017823#）	A_1（子瓶 3116）	E/%
氯甲烷	1.279	16.47	16.47	0.0
氯乙烯	1.377	36.47	36.52	0.1
氯乙烷	1.491	39.27	39.37	0.3
1,1-二氯乙烯	2.137	51.60	51.47	−0.3
二氯甲烷	1.444	15.25	15.22	−0.2
反-1,2-二氯乙烯	1.359	34.64	34.63	0.0
1,1-二氯乙烷	1.218	32.44	32.42	−0.1
顺-1,2-二氯乙烯	1.232	32.60	32.54	−0.2
三氯甲烷	1.311	12.16	12.14	−0.2
1,1,1-三氯乙烷	1.233	35.03	34.92	−0.3
四氯化碳	1.249	9.612	9.490	−1.3
1,2-二氯乙烷	1.247	34.42	34.26	−0.5
三氯乙烯	1.277	36.54	36.46	−0.2
1,2-二氯丙烷	1.205	50.54	50.40	−0.3
1,1,2-三氯乙烷	1.279	36.19	36.08	−0.3
四氯乙烯	1.348	43.41	43.17	−0.6
氯苯	1.252	108.5	107.8	−0.6
1,1,1,2-四氯乙烷	1.192	33.69	33.49	−0.6
1,1,2,2-四氯乙烷	1.272	36.90	36.73	−0.5
间二氯苯	1.127	97.76	96.91	−0.9
对二氯苯	1.282	112.3	111.5	−0.7
邻二氯苯	1.222	104.8	103.4	−1.3

表5　国产普通气瓶转移实验5（放置2 d）　　　　　单位：μmol/mol

组分	$C_配$	A_0（母瓶 195#）	A_1（子瓶 04918005）	E/%
氯甲烷	1.927	37.84	38.15	0.8
氯乙烯	2.074	81.93	82.52	0.7
氯乙烷	2.246	87.93	87.82	−0.1
1,1-二氯乙烯	2.059	81.95	82.07	0.1
二氯甲烷	1.392	23.67	23.87	0.8
反-1,2-二氯乙烯	1.310	52.54	53.08	1.0
1,1-二氯乙烷	1.174	48.64	48.53	−0.2
顺-1,2-二氯乙烯	1.187	48.53	48.64	0.2
三氯甲烷	1.263	17.91	18.35	2.5
1,1,1-三氯乙烷	1.188	51.42	51.98	1.1
四氯化碳	1.203	14.04	14.23	1.4
1,2-二氯乙烷	1.201	50.87	50.57	−0.6
三氯乙烯	1.230	53.39	54.45	2.0
1,2-二氯丙烷	1.161	73.96	73.78	−0.2
1,1,2-三氯乙烷	1.233	53.60	52.47	−2.1
四氯乙烯	1.299	62.81	62.80	0.0
氯苯	1.207	160.0	156.7	−2.1
1,1,1,2-四氯乙烷	1.149	49.77	48.63	−2.3
1,1,2,2-四氯乙烷	1.226	57.94	51.44	−11.2
间二氯苯	1.086	153.0	141.8	−7.3
对二氯苯	1.235	174.7	161.2	−7.7
邻二氯苯	1.177	171.9	155.3	−9.7

表6　国产普通气瓶转移实验6（放置2 d）　　　　　　单位：μmol/mol

组分	$C_配$	A_0（母瓶04106#）	A_1（子瓶04918010）	$E/\%$
氯甲烷	1.700	26.99	27.07	0.3
氯乙烯	1.830	72.04	70.80	−1.7
氯乙烷	1.981	72.08	71.18	−1.2
1,1-二氯乙烯	2.456	89.66	88.46	−1.3
二氯甲烷	1.660	26.00	25.62	−1.5
反-1,2-二氯乙烯	1.562	57.93	56.89	−1.8
1,1-二氯乙烷	1.400	53.45	52.76	−1.3
顺-1,2-二氯乙烯	1.416	53.17	52.48	−1.3
三氯甲烷	1.506	19.74	19.53	−1.1
1,1,1-三氯乙烷	1.417	56.58	55.89	−1.2
四氯化碳	1.436	15.31	15.05	−1.7
1,2-二氯乙烷	1.433	55.53	54.52	−1.8
三氯乙烯	1.468	58.51	59.15	1.1
1,2-二氯丙烷	1.385	81.31	79.70	−2.0
1,1,2-三氯乙烷	1.470	58.44	56.50	−3.3
四氯乙烯	1.550	68.49	67.64	−1.2
氯苯	1.440	174.4	168.5	−3.4
1,1,1,2-四氯乙烷	1.370	54.40	52.62	−3.3
1,1,2,2-四氯乙烷	1.462	63.44	54.34	−14.3
间二氯苯	1.295	167.6	151.3	−9.7
对二氯苯	1.474	191.4	171.9	−10.2
邻二氯苯	1.405	189.0	165.1	−12.6

表7　国产普通气瓶转移实验7（放置2 d）　　　　　　单位：μmol/mol

组分	$C_配$	A_0（母瓶61301007#）	A_1（子瓶04917146）	$E/\%$
氯甲烷	1.587	26.08	25.94	−0.5
氯乙烯	1.708	65.36	65.09	−0.4
氯乙烷	1.850	66.63	66.38	−0.4
1,1-二氯乙烯	2.151	78.81	78.50	−0.4
二氯甲烷	1.454	22.71	22.68	−0.1
反-1,2-二氯乙烯	1.368	50.35	50.30	−0.1
1,1-二氯乙烷	1.226	46.72	46.53	−0.4
顺-1,2-二氯乙烯	1.240	46.58	46.46	−0.3
三氯甲烷	1.319	17.29	17.22	−0.4
1,1,1-三氯乙烷	1.241	49.60	49.30	−0.6
四氯化碳	1.257	13.40	13.25	−1.1
1,2-二氯乙烷	1.255	48.63	48.60	−0.1
三氯乙烯	1.285	51.16	51.18	0.0
1,2-二氯丙烷	1.213	71.36	71.02	−0.5
1,1,2-三氯乙烷	1.287	51.21	51.00	−0.4
四氯乙烯	1.357	60.10	59.96	−0.2
氯苯	1.261	151.8	151.3	−0.3
1,1,1,2-四氯乙烷	1.200	47.75	47.33	−0.9
1,1,2,2-四氯乙烷	1.280	54.71	53.63	−2.0
间二氯苯	1.134	140.2	140.7	0.4
对二氯苯	1.290	159.5	160.5	0.6
邻二氯苯	1.230	156.9	156.2	−0.4

表8　国产普通气瓶转移实验8（放置2 d）　　　　　单位：μmol/mol

组分	$C_配$	A_0（母瓶17784#）	A_1（子瓶04918005）	$E/\%$
氯甲烷	1.527	26.61	26.64	0.1
氯乙烯	1.616	61.56	62.25	1.1
氯乙烷	1.770	64.61	65.06	0.7
1,1-二氯乙烯	1.429	53.36	53.82	0.9
二氯甲烷	1.796	28.63	28.84	0.7
反-1,2-二氯乙烯	1.373	51.92	52.33	0.8
1,1-二氯乙烷	1.352	52.60	52.88	0.5
顺-1,2-二氯乙烯	1.336	50.83	51.18	0.7
三氯甲烷	1.381	18.37	18.48	0.6
1,1,1-三氯乙烷	1.335	53.71	53.96	0.5
四氯化碳	1.352	14.50	14.55	0.4
1,2-二氯乙烷	1.358	53.04	53.24	0.4
三氯乙烯	1.355	54.07	54.71	1.2
1,2-二氯丙烷	1.307	77.43	77.21	−0.3
1,1,2-三氯乙烷	1.308	51.95	51.44	−1.0
四氯乙烯	1.438	63.48	63.72	0.4
氯苯	1.411	174.1	172.3	−1.0
1,1,1,2-四氯乙烷	1.312	51.76	50.97	−1.5
1,1,2,2-四氯乙烷	1.399	59.37	55.04	−7.3
间二氯苯	1.312	160.0	151.6	−5.2
对二氯苯	1.419	173.6	164.8	−5.1
邻二氯苯	1.390	174.2	162.5	−6.7

表9　国产普通气瓶转移实验9（放置2 d）　　　　　单位：μmol/mol

组分	$C_配$	A_0（母瓶017816#）	A_1（子瓶2082）	$E/\%$
氯甲烷	2.598	46.07	45.77	−0.7
氯乙烯	2.750	101.3	101.0	−0.3
氯乙烷	3.011	108.4	108.2	−0.2
1,1-二氯乙烯	3.288	118.283	117.7	−0.5
二氯甲烷	4.133	63.74	63.49	−0.4
反-1,2-二氯乙烯	3.159	116.0	115.6	−0.3
1,1-二氯乙烷	3.109	117.8	117.2	−0.5
顺-1,2-二氯乙烯	3.074	113.6	113.3	−0.3
三氯甲烷	3.176	40.94	40.84	−0.2
1,1,1-三氯乙烷	3.071	120.2	119.8	−0.3
四氯化碳	3.110	32.10	31.99	−0.3
1,2-二氯乙烷	3.124	118.8	118.5	−0.3
三氯乙烯	3.118	120.8	120.5	−0.2
1,2-二氯丙烷	3.007	173.6	172.8	−0.5
1,1,2-三氯乙烷	3.010	115.4	115.0	−0.3
四氯乙烯	3.308	141.4	141.1	−0.2
氯苯	3.245	385.7	384.4	−0.3
1,1,1,2-四氯乙烷	3.018	115.4	115.0	−0.3
1,1,2,2-四氯乙烷	3.219	129.2	128.5	−0.5
间二氯苯	3.019	341.2	342.0	0.2
对二氯苯	3.264	366.8	368.7	0.5
邻二氯苯	3.198	368.3	368.4	0.0

表 10　国产普通气瓶转移实验 3（放置 30 d）　　　　　　单位：μmol/mol

组分	$C_{配}$	A_0（母瓶 017800#）	A_1（子瓶 3153）	E/%
氯甲烷	1.707	26.64	26.68	0.2
氯乙烯	1.837	70.10	70.08	0.0
氯乙烷	1.990	71.44	71.39	−0.1
1,1-二氯乙烯	2.490	88.00	88.06	0.1
二氯甲烷	1.683	25.32	25.41	0.4
反-1,2-二氯乙烯	1.584	56.56	56.53	0.1
1,1-二氯乙烷	1.419	52.26	52.18	−0.2
顺-1,2-二氯乙烯	1.435	52.21	51.99	−0.4
三氯甲烷	1.527	19.29	19.24	−0.3
1,1,1-三氯乙烷	1.436	55.35	55.24	−0.2
四氯化碳	1.455	15.02	14.99	−0.2
1,2-二氯乙烷	1.453	54.24	54.13	−0.2
三氯乙烯	1.488	56.89	58.31	2.5
1,2-二氯丙烷	1.404	79.25	78.94	−0.4
1,1,2-三氯乙烷	1.490	56.40	55.99	−0.7
四氯乙烯	1.571	66.14	66.06	−0.1
氯苯	1.459	165.9	164.5	−0.8
1,1,1,2-四氯乙烷	1.389	52.28	51.83	−0.9
1,1,2,2-四氯乙烷	1.482	58.45	54.93	−6.0
间二氯苯	1.313	146.9	143.7	−2.2
对二氯苯	1.494	167.1	163.4	−2.2
邻二氯苯	1.424	162.7	157.6	−3.1

表 11　国产普通气瓶转移实验 4（放置 30 d）　　　　　　单位：μmol/mol

组分	$C_{配}$	A_0（母瓶 017823#）	A_1（子瓶 3116）	E/%
氯甲烷	1.279	22.16	22.02	−0.6
氯乙烯	1.377	48.18	48.10	−0.2
氯乙烷	1.491	51.84	51.62	−0.4
1,1-二氯乙烯	2.137	68.39	68.17	−0.3
二氯甲烷	1.444	20.27	20.26	0
反-1,2-二氯乙烯	1.359	46.01	45.94	−0.2
1,1-二氯乙烷	1.218	43.17	42.99	−0.4
顺-1,2-二氯乙烯	1.232	43.47	43.34	−0.3
三氯甲烷	1.311	16.14	16.11	−0.2
1,1,1-三氯乙烷	1.233	46.55	46.38	−0.4
四氯化碳	1.249	12.67	12.56	−0.9
1,2-二氯乙烷	1.247	45.95	45.78	−0.4
三氯乙烯	1.277	48.47	48.35	−0.2
1,2-二氯丙烷	1.205	67.64	67.49	−0.2
1,1,2-三氯乙烷	1.279	48.76	48.66	−0.2
四氯乙烯	1.348	57.32	57.12	−0.3
氯苯	1.252	145.4	144.7	−0.5
1,1,1,2-四氯乙烷	1.192	45.58	45.38	−0.4
1,1,2,2-四氯乙烷	1.272	52.32	52.00	−0.6
间二氯苯	1.127	134.2	134.0	−0.2
对二氯苯	1.282	152.6	152.7	0.1
邻二氯苯	1.222	149.6	149.3	−0.2

表 12　国产普通气瓶转移实验 7（放置 30 d）　　　　　　　　单位：μmol/mol

组分	$C_{配}$	A_0（母瓶 017816#）	A_1（子瓶 2082）	$E/\%$
氯甲烷	1.587	27.77	27.76	0
氯乙烯	1.708	58.72	59.34	1.1
氯乙烷	1.850	63.06	63.71	1.0
1,1-二氯乙烯	2.151	74.35	74.89	0.7
二氯甲烷	1.454	21.53	21.66	0.6
反-1,2-二氯乙烯	1.368	47.64	48.05	0.9
1,1-二氯乙烷	1.226	44.37	44.56	0.4
顺-1,2-二氯乙烯	1.240	44.11	44.35	0.5
三氯甲烷	1.319	16.34	16.44	0.6
1,1,1-三氯乙烷	1.241	47.11	47.34	0.5
四氯化碳	1.257	12.41	12.41	0.0
1,2-二氯乙烷	1.255	46.07	46.55	1.0
三氯乙烯	1.285	48.48	49.39	1.9
1,2-二氯丙烷	1.213	67.59	67.86	0.4
1,1,2-三氯乙烷	1.287	48.47	48.73	0.5
四氯乙烯	1.357	57.11	57.50	0.7
氯苯	1.261	142.5	143.2	0.5
1,1,1,2-四氯乙烷	1.200	45.21	45.35	0.3
1,1,2,2-四氯乙烷	1.280	50.81	49.90	−1.8
间二氯苯	1.134	128.9	129.1	0.2
对二氯苯	1.290	146.3	146.6	0.2
邻二氯苯	1.230	143.7	142.2	−1.0

表 13　国产普通气瓶转移实验 9（放置 30 d）　　　　　　　　单位：μmol/mol

组分	$C_{配}$	A_0（母瓶 017816#）	A_1（子瓶 2082）	$E/\%$
氯甲烷	2.598	39.52	39.70	0.5
氯乙烯	2.750	107.8	106.1	−1.6
氯乙烷	3.011	108.2	107.1	−1.0
1,1-二氯乙烯	3.288	118.3	117.1	−1.0
二氯甲烷	4.133	63.79	63.32	−0.7
反-1,2-二氯乙烯	3.159	115.5	114.6	−0.8
1,1-二氯乙烷	3.109	117.6	116.5	−1.0
顺-1,2-二氯乙烯	3.074	113.2	112.3	−0.8
三氯甲烷	3.176	40.87	40.57	−0.7
1,1,1-三氯乙烷	3.071	120.1	119.0	−0.9
四氯化碳	3.110	31.84	31.56	−0.9
1,2-二氯乙烷	3.124	118.3	117.4	−0.8
三氯乙烯	3.118	120.2	119.4	−0.7
1,2-二氯丙烷	3.007	172.5	170.9	−0.9
1,1,2-三氯乙烷	3.010	114.7	113.7	−0.9
四氯乙烯	3.308	140.3	139.3	−0.7
氯苯	3.245	381.5	379.8	−0.4
1,1,1,2-四氯乙烷	3.018	114.7	113.4	−1.1
1,1,2,2-四氯乙烷	3.219	127.9	126.3	−1.3
间二氯苯	3.019	334.3	335.4	0.3
对二氯苯	3.264	358.3	361.0	0.8
邻二氯苯	3.198	361.0	360.6	−0.1

表 14　国产涂层气瓶转移实验 1　　　　单位：μmol/mol

组分	$C_{配}$	A_0（母瓶 017816#）	A_1（子瓶 115147）	$E/\%$
氯甲烷	4.679	59.98	60.27	0.5
氯乙烯	4.952	132.1	132.0	0.1
氯乙烷	5.423	140.8	140.9	0.1
1,1-二氯乙烯	4.830	123.7	123.8	0.1
二氯甲烷	6.071	66.9	66.9	0
反-1,2-二氯乙烯	4.641	122.3	122.4	0.1
1,1-二氯乙烷	4.568	124.6	124.8	0.2
顺-1,2-二氯乙烯	4.515	120.5	120.6	0.1
三氯甲烷	4.666	43.6	43.7	0.2
1,1,1-三氯乙烷	4.511	127.8	128.2	0.3
四氯化碳	4.569	34.67	34.76	0.3
1,2-二氯乙烷	4.589	126.1	126.3	0.2
三氯乙烯	4.581	128.8	129.2	0.3
1,2-二氯丙烷	4.417	184.1	184.7	0.3
1,1,2-三氯乙烷	4.422	121.7	122.0	0.2
四氯乙烯	4.860	150.9	151.6	0.5
氯苯	4.767	405.1	406.6	0.4
1,1,1,2-四氯乙烷	4.433	121.4	121.8	0.3
1,1,2,2-四氯乙烷	4.729	128.5	128.7	0.2
间二氯苯	4.435	339.3	342.5	1.0
对二氯苯	4.794	367.6	371.4	1.0
邻二氯苯	4.698	353.7	357.0	0.9

表 15　国产涂层气瓶转移实验 2　　　　单位：μmol/mol

组分	$C_{配}$	A_0 母瓶（017784）	A_1 子瓶（115153）	$E/\%$
氯甲烷	1.527	25.24	25.49	1.0
氯乙烯	1.616	60.52	60.80	0.5
氯乙烷	1.770	63.35	63.38	0.1
1,1-二氯乙烯	1.429	51.98	51.61	−0.7
二氯甲烷	1.796	28.34	28.39	0.2
反-1,2-二氯乙烯	1.373	50.75	51.33	1.1
1,1-二氯乙烷	1.352	51.35	51.42	0.2
顺-1,2-二氯乙烯	1.336	49.65	49.72	0.1
三氯甲烷	1.381	17.76	17.48	−1.6
1,1,1-三氯乙烷	1.335	52.29	51.60	−1.3
四氯化碳	1.352	13.70	13.59	−0.8
1,2-二氯乙烷	1.358	52.03	51.96	−0.1
三氯乙烯	1.355	53.00	52.87	−0.2
1,2-二氯丙烷	1.307	75.72	75.54	−0.2
1,1,2-三氯乙烷	1.308	50.72	50.90	0.4
四氯乙烯	1.438	62.16	62.11	−0.1
氯苯	1.411	170.5	169.5	−0.6
1,1,1,2-四氯乙烷	1.312	50.55	50.41	−0.3
1,1,2,2-四氯乙烷	1.399	58.21	57.64	−1.0
间二氯苯	1.312	159.0	157.0	−1.2
对二氯苯	1.419	172.7	170.1	−1.5
邻二氯苯	1.390	173.3	171.0	−1.4

表 16　国产涂层气瓶转移实验 3　　　　　　单位：μmol/mol

组分	$C_{配}$	A_0母瓶（017801）	A_1子瓶（115198）	$E/\%$
氯甲烷	1.451	26.42	26.18	−0.9
氯乙烯	1.536	57.81	57.83	0.0
氯乙烷	1.682	61.86	61.28	−0.9
1,1-二氯乙烯	1.525	56.39	56.48	0.2
二氯甲烷	1.917	30.27	30.11	−0.5
反-1,2-二氯乙烯	1.465	55.44	55.10	−0.6
1,1-二氯乙烷	1.442	56.23	56.41	0.3
顺-1,2-二氯乙烯	1.426	54.52	54.22	−0.6
三氯甲烷	1.473	19.72	19.85	0.7
1,1,1-三氯乙烷	1.424	57.75	58.05	0.5
四氯化碳	1.443	15.78	16.04	1.6
1,2-二氯乙烷	1.449	57.60	57.18	−0.7
三氯乙烯	1.446	58.30	58.10	−0.3
1,2-二氯丙烷	1.395	83.44	83.44	0.0
1,1,2-三氯乙烷	1.396	56.18	56.13	−0.1
四氯乙烯	1.535	68.61	68.78	0.2
氯苯	1.505	190.2	189.3	−0.5
1,1,1,2-四氯乙烷	1.400	55.94	55.59	−0.6
1,1,2,2-四氯乙烷	1.493	65.40	64.82	−0.9
间二氯苯	1.400	180.3	179.5	−0.4
对二氯苯	1.514	196.4	195.9	−0.3
邻二氯苯	1.483	197.4	196.8	−0.3

表 17　国产涂层气瓶转移实验 4　　　　　　单位：μmol/mol

组分	$C_{配}$	A（母瓶 115144#）	A（子瓶 195）	$E/\%$
氯甲烷	1.479	26.52	26.35	−0.6
氯乙烯	1.592	60.29	60.66	0.6
氯乙烷	1.724	63.07	63.37	0.5
1,1-二氯乙烯	2.130	72.23	72.43	0.3
二氯甲烷	1.439	21.24	21.29	0.2
反-1,2-二氯乙烯	1.355	48.33	48.52	0.4
1,1-二氯乙烷	1.214	45.69	45.79	0.2
顺-1,2-二氯乙烯	1.228	46.17	46.01	−0.3
三氯甲烷	1.306	17.36	17.11	−1.4
1,1,1-三氯乙烷	1.228	49.57	49.53	−0.1
四氯化碳	1.245	13.48	13.45	−0.2
1,2-二氯乙烷	1.242	48.78	49.05	0.6
三氯乙烯	1.273	51.67	51.83	0.3
1,2-二氯丙烷	1.201	72.28	72.44	0.2
1,1,2-三氯乙烷	1.275	52.24	52.32	0.2
四氯乙烯	1.344	61.16	61.22	0.1
氯苯	1.248	155.4	156.0	0.4
1,1,1,2-四氯乙烷	1.188	48.73	48.74	0.0
1,1,2,2-四氯乙烷	1.268	56.11	56.06	−0.1
间二氯苯	1.123	144.6	144.7	0.1
对二氯苯	1.278	164.0	164.1	0.0
邻二氯苯	1.218	162.4	162.3	−0.1

表 18　国产涂层气瓶转移实验 5　　　　　　　单位：μmol/mol

组分	$C_配$	A_0（母瓶 017800#）	A_1（子瓶 115154）	E/%
氯甲烷	4.017	70.22	70.73	0.7
氯乙烯	4.252	154.3	153.6	−0.5
氯乙烷	4.655	164.6	164.7	0.1
1,1-二氯乙烯	4.865	166.2	166.7	0.3
二氯甲烷	6.115	90.19	90.02	−0.2
反-1,2-二氯乙烯	4.674	164.9	164.4	−0.3
1,1-二氯乙烷	4.601	168.1	168.1	0.0
顺-1,2-二氯乙烯	4.548	162.9	162.5	−0.2
三氯甲烷	4.700	58.93	58.86	−0.1
1,1,1-三氯乙烷	4.544	173.3	173.1	−0.1
四氯化碳	4.602	46.15	46.07	−0.2
1,2-二氯乙烷	4.622	171.8	171.3	−0.3
三氯乙烯	4.614	174.8	174.5	−0.2
1,2-二氯丙烷	4.449	251.9	251.4	−0.2
1,1,2-三氯乙烷	4.454	167.7	167.4	−0.2
四氯乙烯	4.895	206.0	205.7	−0.1
氯苯	4.802	560.2	559.4	−0.1
1,1,1,2-四氯乙烷	4.465	168.1	167.6	−0.3
1,1,2,2-四氯乙烷	4.763	186.0	185.1	−0.5
间二氯苯	4.467	491.3	490.1	−0.2
对二氯苯	4.829	527.8	527.1	−0.1
邻二氯苯	4.732	526.6	524.7	−0.4

表 19　国产涂层气瓶转移实验 2（放置 30 d）　　　单位：μmol/mol

组分	$C_配$	A_0 母瓶（017784）	A_1 子瓶（115153）	E/%
氯甲烷	1.527	25.21	25.26	0.2
氯乙烯	1.616	62.26	62.05	−0.3
氯乙烷	1.77	64.23	64.25	0.0
1,1-二氯乙烯	1.429	52.82	52.75	−0.1
二氯甲烷	1.796	28.37	28.22	−0.5
反-1,2-二氯乙烯	1.373	51.33	51.09	−0.5
1,1-二氯乙烷	1.352	52.11	52.05	−0.1
顺-1,2-二氯乙烯	1.336	50.26	50.12	−0.3
三氯甲烷	1.381	18.17	18.10	−0.4
1,1,1-三氯乙烷	1.335	53.22	53.12	−0.2
四氯化碳	1.352	14.25	14.18	−0.5
1,2-二氯乙烷	1.358	52.58	52.29	−0.6
三氯乙烯	1.355	53.47	53.38	−0.2
1,2-二氯丙烷	1.307	76.59	76.44	−0.2
1,1,2-三氯乙烷	1.308	51.27	51.08	−0.4
四氯乙烯	1.438	62.70	62.59	−0.2
氯苯	1.411	172.0	171.5	−0.3
1,1,1,2-四氯乙烷	1.312	51.03	50.89	−0.3
1,1,2,2-四氯乙烷	1.399	58.69	58.21	−0.8
间二氯苯	1.312	159.7	159.0	−0.4
对二氯苯	1.419	173.4	172.6	−0.4
邻二氯苯	1.39	174.2	173.2	−0.6

表 20　国产涂层气瓶转移实验 3（放置 30 d）　　　　单位：μmol/mol

组分	$C_配$	A_0（母瓶 017801#）	A_1（子瓶 115198）	E/%
氯甲烷	1.451	25.72	25.68	−0.2
氯乙烯	1.536	54.14	54.32	0.3
氯乙烷	1.682	58.52	58.80	0.5
1,1-二氯乙烯	1.525	53.47	53.60	0.2
二氯甲烷	1.917	29.05	29.01	−0.1
反-1,2-二氯乙烯	1.465	52.62	52.54	−0.2
1,1-二氯乙烷	1.442	53.61	53.80	0.4
顺-1,2-二氯乙烯	1.426	51.72	51.54	−0.3
三氯甲烷	1.473	18.66	18.66	0.0
1,1,1-三氯乙烷	1.424	55.01	55.08	0.1
四氯化碳	1.443	14.45	14.35	−0.7
1,2-二氯乙烷	1.449	54.25	53.93	−0.6
三氯乙烯	1.446	55.23	55.11	−0.2
1,2-二氯丙烷	1.395	79.07	79.12	0.1
1,1,2-三氯乙烷	1.396	52.81	52.74	−0.1
四氯乙烯	1.535	64.77	64.77	0.0
氯苯	1.505	175.7	174.9	−0.5
1,1,1,2-四氯乙烷	1.400	52.70	52.60	−0.2
1,1,2,2-四氯乙烷	1.493	59.04	58.59	−0.8
间二氯苯	1.400	156.5	154.7	−1.2
对二氯苯	1.514	168.5	166.3	−1.3
邻二氯苯	1.483	168.7	166.9	−1.1

表 21　国产涂层气瓶转移实验 4（放置 30 d）　　　　单位：μmol/mol

组分	$C_配$	A_0（母瓶 115144#）	A_1（子瓶 195）	E/%
氯甲烷	1.479	26.76	26.35	−1.5
氯乙烯	1.592	56.60	56.10	−0.9
氯乙烷	1.724	61.02	60.21	−1.3
1,1-二氯乙烯	2.130	69.52	68.76	−1.1
二氯甲烷	1.439	20.54	20.41	−0.6
反-1,2-二氯乙烯	1.355	46.46	46.17	−0.6
1,1-二氯乙烷	1.214	44.07	43.60	−1.1
顺-1,2-二氯乙烯	1.228	44.20	43.66	−1.2
三氯甲烷	1.306	16.37	16.22	−0.9
1,1,1-三氯乙烷	1.228	47.82	47.28	−1.1
四氯化碳	1.245	12.50	12.45	−0.4
1,2-二氯乙烷	1.242	46.92	46.48	−0.9
三氯乙烯	1.273	49.68	49.29	−0.8
1,2-二氯丙烷	1.201	69.43	68.66	−1.1
1,1,2-三氯乙烷	1.275	50.16	49.56	−1.2
四氯乙烯	1.344	58.90	58.46	−0.7
氯苯	1.248	147.5	146.4	−0.7
1,1,1,2-四氯乙烷	1.188	46.93	46.33	−1.3
1,1,2,2-四氯乙烷	1.268	52.43	52.23	−0.4
间二氯苯	1.123	134.5	134.0	−0.4
对二氯苯	1.278	152.0	152.1	0.1
邻二氯苯	1.218	150.6	149.2	−1.0

表 22　国产涂层气瓶转移实验 5（放置 30 d）　　　单位：μmol/mol

组分	$C_配$	A_0（母瓶 017800#）	A_1（子瓶 115154）	$E/\%$
氯甲烷	4.017	61.98	62.34	0.6
氯乙烯	4.252	165.4	162.6	−1.7
氯乙烷	4.655	167.1	165.1	−1.2
1,1-二氯乙烯	4.865	168.7	166.9	−1.1
二氯甲烷	6.115	91.74	90.53	−1.3
反-1,2-二氯乙烯	4.674	166.1	164.7	−0.9
1,1-二氯乙烷	4.601	170.4	168.4	−1.2
顺-1,2-二氯乙烯	4.548	164.0	162.5	−0.9
三氯甲烷	4.700	59.33	58.79	−0.9
1,1,1-三氯乙烷	4.544	175.6	173.7	−1.1
四氯化碳	4.602	45.97	45.86	−0.2
1,2-二氯乙烷	4.622	173.5	171.6	−1.1
三氯乙烯	4.614	176.2	174.7	−0.9
1,2-二氯丙烷	4.449	254.1	251.1	−1.2
1,1,2-三氯乙烷	4.454	169.3	167.6	−1.0
四氯乙烯	4.895	207.1	205.5	−0.8
氯苯	4.802	561.5	558.4	−0.6
1,1,1,2-四氯乙烷	4.465	169.6	167.8	−1.1
1,1,2,2-四氯乙烷	4.763	188.7	186.0	−1.4
间二氯苯	4.467	489.9	490.5	0.1
对二氯苯	4.829	523.6	526.6	0.6
邻二氯苯	4.732	528.2	527.0	−0.2

表 23　进口涂层气瓶转移实验 1（放置 2 d）　　　单位：μmol/mol

组分	$C_配$	A_0（母瓶 17800）	A_1（子瓶 17784）	$E/\%$
氯甲烷	2.016	29.28	29.07	−0.7
氯乙烯	2.130	80.29	80.37	0.1
氯乙烷	2.375	82.00	81.91	−0.1
1,1-二氯乙烯	1.280	43.15	43.16	0.0
二氯甲烷	1.609	23.56	23.48	−0.3
反-1,2-二氯乙烯	1.230	42.69	42.61	−0.2
1,1-二氯乙烷	1.211	43.50	43.49	0.0
顺-1,2-二氯乙烯	1.197	42.07	41.99	−0.2
三氯甲烷	1.237	15.22	15.20	−0.1
1,1,1-三氯乙烷	1.196	44.81	44.75	−0.1
四氯化碳	1.211	11.80	11.83	0.2
1,2-二氯乙烷	1.216	44.25	44.26	0.0
三氯乙烯	1.214	45.09	45.10	0.0
1,2-二氯丙烷	1.171	64.58	64.52	−0.1
1,1,2-三氯乙烷	1.172	43.42	43.37	−0.1
四氯乙烯	1.288	52.99	52.91	−0.2
氯苯	1.264	144.4	144.5	0.1
1,1,1,2-四氯乙烷	1.175	43.08	42.98	−0.2
1,1,2,2-四氯乙烷	1.254	48.72	48.84	0.3
间二氯苯	1.175	130.8	131.3	0.4
对二氯苯	1.271	141.6	142.4	0.5
邻二氯苯	1.245	141.4	142.1	0.5

表 24　进口涂层气瓶转移实验 2（放置 2 d）　　　　　　单位：µmol/mol

组分	$C_配$	A_0（母瓶 017801#）	A_1（子瓶 17823）	E/%
氯甲烷	1.643	23.65	23.63	−0.1
氯乙烯	1.737	65.79	65.40	−0.6
氯乙烷	1.936	66.80	66.44	−0.5
1,1-二氯乙烯	1.524	51.15	50.91	−0.5
二氯甲烷	1.916	27.79	27.68	−0.4
反-1,2-二氯乙烯	1.464	50.50	50.40	−0.2
1,1-二氯乙烷	1.441	51.69	51.50	−0.4
顺-1,2-二氯乙烯	1.425	49.91	49.79	−0.2
三氯甲烷	1.472	18.07	18.00	−0.4
1,1,1-三氯乙烷	1.424	53.37	53.11	−0.5
四氯化碳	1.442	14.06	13.97	−0.6
1,2-二氯乙烷	1.448	52.67	52.51	−0.3
三氯乙烯	1.446	53.74	53.63	−0.2
1,2-二氯丙烷	1.394	77.19	76.90	−0.4
1,1,2-三氯乙烷	1.395	51.78	51.71	−0.1
四氯乙烯	1.534	63.32	63.21	−0.2
氯苯	1.504	172.1	172.1	0.0
1,1,1,2-四氯乙烷	1.399	51.48	51.32	−0.3
1,1,2,2-四氯乙烷	1.492	57.73	57.56	−0.3
间二氯苯	1.399	153.2	153.7	0.3
对二氯苯	1.513	165.2	166.3	0.7
邻二氯苯	1.482	165.2	165.6	0.2

表 25　进口涂层气瓶转移实验 3（放置 2 d）　　　　　　单位：µmol/mol

组分	$C_配$	A_0（母瓶 017828#）	A_1（子瓶 017805）	E/%
氯甲烷	4.972	74.39	74.67	0.4
氯乙烯	5.254	210.6	211.8	0.6
氯乙烷	5.858	213.0	214.4	0.7
1,1-二氯乙烯	5.258	190.8	192.0	0.6
二氯甲烷	6.609	103.4	104.2	0.8
反-1,2-二氯乙烯	5.052	187.5	189.0	0.8
1,1-二氯乙烷	4.972	190.5	192.0	0.8
顺-1,2-二氯乙烯	4.915	183.9	185.4	0.8
三氯甲烷	5.079	66.37	66.83	0.7
1,1,1-三氯乙烷	4.911	194.8	196.2	0.7
四氯化碳	4.974	51.44	51.82	0.7
1,2-二氯乙烷	4.995	192.6	193.8	0.6
三氯乙烯	4.986	195.6	197.3	0.9
1,2-二氯丙烷	4.809	280.1	281.9	0.6
1,1,2-三氯乙烷	4.814	186.9	187.8	0.5
四氯乙烯	5.290	228.1	230.2	0.9
氯苯	5.189	622.7	626.9	0.7
1,1,1,2-四氯乙烷	4.826	186.0	186.9	0.5
1,1,2,2-四氯乙烷	5.148	210.1	208.8	−0.6
间二氯苯	4.827	551.5	553.3	0.3
对二氯苯	5.219	593.7	597.2	0.6
邻二氯苯	5.114	595.0	592.6	−0.4

表 26　进口涂层气瓶转移实验 4（放置 2 d）　　　　　　单位：μmol/mol

组分	$C_配$	A_0（母瓶 017808#）	A_1（子瓶 017785）	E/%
氯甲烷	4.049	59.00	59.29	0.5
氯乙烯	4.279	158.8	158.4	−0.3
氯乙烷	4.771	162.8	162.7	0.1
1,1-二氯乙烯	5.239	178.2	178.4	0.1
二氯甲烷	6.585	96.72	96.83	0.1
反-1,2-二氯乙烯	5.033	175.3	175.5	0.1
1,1-二氯乙烷	4.954	178.4	178.5	0.1
顺-1,2-二氯乙烯	4.897	172.2	172.2	0.0
三氯甲烷	5.061	62.17	62.08	−0.1
1,1,1-三氯乙烷	4.893	182.6	182.7	0.1
四氯化碳	4.956	48.12	48.10	0.0
1,2-二氯乙烷	4.977	179.9	180.3	0.2
三氯乙烯	4.968	183.3	183.4	0.1
1,2-二氯丙烷	4.791	262.4	262.7	0.1
1,1,2-三氯乙烷	4.796	174.8	175.2	0.2
四氯乙烯	5.271	214.5	214.6	0.1
氯苯	5.171	583.8	585.0	0.2
1,1,1,2-四氯乙烷	4.808	174.7	175.0	0.2
1,1,2,2-四氯乙烷	5.129	194.2	195.4	0.6
间二氯苯	4.810	513.9	517.5	0.7
对二氯苯	5.200	552.9	556.5	0.7
邻二氯苯	5.095	550.2	555.8	1.0

表 27　进口涂层气瓶转移实验 2（放置 30 d）　　　　　　单位：μmol/mol

组分	$C_配$	A_0（母瓶 017801#）	A_1（子瓶 017823）	E/%
氯甲烷	1.643	23.92	23.87	−0.2
氯乙烯	1.737	63.75	63.56	−0.3
氯乙烷	1.936	65.43	65.29	−0.2
1,1-二氯乙烯	1.524	50.13	50.06	−0.1
二氯甲烷	1.916	27.31	27.23	−0.3
反-1,2-二氯乙烯	1.464	49.51	49.47	−0.1
1,1-二氯乙烷	1.441	50.74	50.57	−0.3
顺-1,2-二氯乙烯	1.425	48.93	48.81	−0.2
三氯甲烷	1.472	17.68	17.63	−0.3
1,1,1-三氯乙烷	1.424	52.34	52.20	−0.3
四氯化碳	1.442	13.68	13.64	−0.3
1,2-二氯乙烷	1.448	51.72	51.53	−0.4
三氯乙烯	1.446	52.70	52.68	0.0
1,2-二氯丙烷	1.394	75.73	75.50	−0.3
1,1,2-三氯乙烷	1.395	50.92	50.76	−0.3
四氯乙烯	1.534	62.12	62.13	0.0
氯苯	1.504	168.1	167.9	−0.1
1,1,1,2-四氯乙烷	1.399	50.49	50.28	−0.4
1,1,2,2-四氯乙烷	1.492	56.66	56.14	−0.9
间二氯苯	1.399	148.9	148.7	−0.1
对二氯苯	1.513	160.4	160.5	0.1
邻二氯苯	1.482	160.6	159.8	−0.5

表28 进口涂层气瓶转移实验4（放置30 d）   单位：µmol/mol

组分	$C_{配}$	A_0（母瓶 017808#）	A_1（子瓶 017785）	$E/\%$
氯甲烷	4.049	59.04	59.39	0.6
氯乙烯	4.279	157.5	157.1	−0.3
氯乙烷	4.771	162.1	162.0	−0.1
1,1-二氯乙烯	5.239	177.3	177.6	0.2
二氯甲烷	6.585	96.33	96.45	0.1
反-1,2-二氯乙烯	5.033	174.5	174.6	0.1
1,1-二氯乙烷	4.954	177.5	177.6	0.1
顺-1,2-二氯乙烯	4.897	171.1	171.4	0.2
三氯甲烷	5.061	61.73	61.85	0.2
1,1,1-三氯乙烷	4.893	181.5	181.8	0.2
四氯化碳	4.956	47.68	47.66	0.0
1,2-二氯乙烷	4.977	179.2	179.4	0.1
三氯乙烯	4.968	182.4	182.5	0.1
1,2-二氯丙烷	4.791	260.9	261.2	0.1
1,1,2-三氯乙烷	4.796	174.2	174.5	0.2
四氯乙烯	5.271	213.6	213.8	0.1
氯苯	5.171	581.3	582.3	0.2
1,1,1,2-四氯乙烷	4.808	174.1	174.4	0.2
1,1,2,2-四氯乙烷	5.129	194.5	195.3	0.4
间二氯苯	4.810	515.3	517.3	0.4
对二氯苯	5.200	554.5	557.1	0.5
邻二氯苯	5.095	552.8	556.3	0.6